EL LIBRO NEGRO DE LOS VETERINARIOS

Título original: Hunde würden besser leben, wenn ...

Coordinación editorial Simona Empoli
Corrección de estilo Esther Morales-Cañadas, Miriam Montoliu
Portada Maria Cristina Vicini
Maquetación Maria Cristina Vicini
Imprenta Tipografia Lineagrafica, Città di Castello (Italia)

Macro Ediciones a/c Libros Preciosos
Av. del Carrilet 219, 2º 4ª
8907 L'Hospitalet de Llobregat
Barcelona
ISBN 9788417080044
Depósito Legal
B 28795-2017

SUSTAINABLE WOOD FOREST
La celulosa usada para producir el papel con el que se imprimió este libro deriva de selvas gestionadas de modo correcto y responsable.

ECF
CARING FOR NATURE
La celulosa empleada para producir el papel de este libro ha sido blanqueada sin usar cloro (EFC). Papel reciclable.

Las tintas usadas para imprimir este libro no contienen compuestos orgánicos volátiles son de base vegetal, sin aceites minerales y compatibles con el medio ambiente.

Jutta Ziegler

EL LIBRO NEGRO DE LOS VETERINARIOS

LA MEDICINA QUE ENFERMA A LOS ANIMALES

MACRO

Barcelona • Madrid • Santiago de Chile • Cesena • París • Montreal

www.macroediciones.com

Índice

INTRODUCCIÓN

«En nuestra sociedad, la medicina humana y la medicina veterinaria están bien establecidas, pero ¿quién se ocupa realmente del canalla que llevamos dentro?»

Gerhard Kocher (*1939), Suiza; economista de la salud, fuente: *¡Cuidado, medicina!*

El presente libro de la veterinaria Dra. med. Jutta Ziegler, titular desde hace años de una consulta veterinaria en Hallein (Salzburgo), utiliza un lenguaje directo que, tal vez, no sea del agrado de algunos de sus colegas e incluso de algunos propietarios de animales. En las páginas siguientes, usted no va a leer, como en otros libros de consulta, sobre las causas de las enfermedades que padecen nuestros animales domésticos y las terapias correspondientes sino, más bien, va a descubrir alternativas calificadas de "no convencionales". No obstante, a lo largo de la lectura quedará claro que dichos remedios no son tan revolucionarios como parece a primera vista sino que, simplemente, contrarían los dogmas dominantes en medicina veterinaria, en general, o ciertos aspectos de la misma. En este campo, como en el de la medicina humana, los tratamientos y las recetas (por ejemplo, la desparasitación o las vacunas) siguen generalmente las directrices dictadas por los representantes más poderosos del gremio, es decir, por los laboratorios farmacéuticos y los profesores más influyentes que, con toda seguridad, no accedieron a tales puestos por haber realizado investigaciones desinteresadas o por haberse enfrentado a lo establecido.

Mi familia y yo, propietarios de numerosos animales desde hace años (perros y gatos), hemos tenido ocasión de conocer muchas consultas veterinarias en Alemania, Francia, Bélgica, España y Austria. Por eso sabemos, seguramente como usted, querido lector, que el "semidiós vestido de blanco" en realidad no existe. Igual que en cualquier otra rama profesional, en medicina y, por ende también en medicina veterinaria, encontramos individuos con personalidades muy diversas: personas dispuestas a ayudar, apasionadas por su profesión, con grandes conocimientos o con ideas propias; pero también nos topamos con otras que, tras muchos años de trabajo, se han convertido en seres desmotivados, movidos exclusivamente por intereses económicos, insensibles o simplemente comodones.

Es posible que alguna de las experiencias que he vivido también le resulte familiar a usted.

Su mascota sufre un accidente o una dolencia aguda, precisamente en fin de semana, por lo que usted busca a un veterinario o una clínica que tenga servicio de urgencias. Y ¡qué maravilla, la encuentra! Pero antes de que usted, nervioso o incluso al borde de un ataque de pánico, pueda explicar la razón de su llamada, le comunican que la atención veterinaria tiene un "recargo nocturno o de fin de semana" que asciende a tanto y que, por favor, lo pague en efectivo. En caso contrario, no se le atenderá. P.D.: desgraciadamente, no se aceptan tarjetas de crédito.

Otro ejemplo: en febrero del año 2005 – por aquel entonces, desgraciadamente, yo no conocía a la Dra. Med. Vet. Jutta Ziegler – se produjo un brote de leucosis, infección del virus de la leucemia felina (VLFe), entre algunos de nuestros gatos. Esta enfermedad causa, con frecuencia, la muerte del animal: pero "con frecuencia" no significa que siempre sea mortal. Llamé a un prestigioso veterinario, que exhibía una larga ristra de títulos junto a su nombre, para pedirle consejo y ayuda. Su respuesta se limitó a estas breves palabras: "No le dé muchas vueltas a la cosa y sacrifique usted a los bichos". Hice caso omiso, naturalmente, ¡y todos y cada uno de los gatos afectados entonces por la enfermedad están aún vivos (¡2011!)! Pero eso se lo debemos a la Dra. Jutta Ziegler.

Por último, otra experiencia que no olvidaré jamás: en un viaje que hice a Frankfurt en el año 2001, mi perra de 7 años de edad Tiny, de raza Boyero de Berna, se quedó repentinamente coja y cada vez que intentaba moverse aullaba de dolor. Diagnóstico lógico: síndrome de cauda equina (SCE), es decir, ciática. Busqué rápidamente la consulta más cercana, en donde un veterinario muy simpático y competente alivió los dolores agudos de Tiny con unas inyecciones. Pagué la cuenta y, al cruzar por la sala de espera para salir a la calle, me llamó la atención un señor mayor que, encorvado en una silla y con lágrimas en los ojos, acariciaba al gato que llevaba en su trasportín. Conmovida, le pregunté qué le ocurría. Me explicó que su gato sufría de insuficiencia renal en estado terminal (una enfermedad o propensión desgraciadamente muy extendida entre los gatos que, como van a leer ustedes en el libro de la Dra. Med. Vet. Jutta Ziegler, podría ser evitada en la mayoría de los casos).

Este hecho me entristeció y, desde luego, no era necesaria mucha empatía para sentir cuánto quería ese hombre a su gato. Lo peor de todo, sin embargo, era la razón por la que el anciano estaba a punto de llorar: el mismo veterinario amable y competente que acababa de tratar a mi perro Tiny, le había cerrado la puerta en las narices con las siguientes palabras: "Si no puede pagar los medicamentos al contado, lo siento, pero ¡no puedo ayudarle!". Naturalmente, proporcioné la ayuda financiera necesaria al pobre señor y, de momento, le atendieron... pero no sé qué fue de ellos posteriormente.

Por supuesto que tanto los veterinarios, como los médicos, los naturópatas, los terapeutas o usted mismo, deben trabajar para ganarse la vida. Todos tenemos que pagar nuestras facturas y muchos llegamos, a veces, al límite de nuestras posibilidades financieras. En tales circunstancias, quizá incluso tengamos que escuchar el desafortunado comentario de alguna persona diciendo: "Vaya, ¿y sin embargo vas a gastarte el dinero en el perro o en el gato...?" Pero ese es otro tema que sobrepasa completamente el ámbito de esta introducción.

En cualquier caso, desde el año 2007 tuve y tengo la suerte de haber "aterrizado", junto con mis gatos y perros, en la consulta de la Dra. Med. Vet. Jutta Ziegler. He podido constatar que la Dra. Ziegler practica lo que en medicina humana se llama "medicina holística". Esto significa que ella utiliza, en primer lugar, los tratamientos y procedimientos de la naturopatía y de la llamada medicina complementaria, debido a que sus efectos secundarios y a largo plazo sobre el organismo animal son mucho menores que los que generan los medicamentos alopáticos; además, con ellos consigue evitar a menudo procedimientos invasivos como, por ejemplo, la cirugía. Desde el punto de vista económico, este modo de actuar no es, en absoluto, ventajoso para un veterinario, porque mediante cirugía y tratamientos de larga duración se puede ganar mucho dinero, así como mediante programas de revacunación científicamente infundados. Sin embargo, ¿beneficia esto a nuestros animales? ¡No, casi nunca! Por esta razón, la Dra. Ziegler solo utiliza la medicina convencional, que naturalmente también tiene su razón de ser, cuando es imprescindible.

Además de sus interesantes conceptos de diagnóstico, tratamiento y terapia, la Dra. Ziegler posee la virtud de ser sencillamente una buena "médica de animales": aunque no tuvo que prestar el juramento hipocrático, como deben hacer los médicos humanos, (quienes, en determinadas ocasiones, lo quebrantan o permiten que sea infringido por el sistema reinante), ella respeta lealmente este código no sellado. Asimismo, como todo buen médico, nunca se cansa de aprender, investigar y descubrir – también más allá de los conocimientos establecidos y, en parte, caducos que se imparten en las universidades desde hace décadas hasta hoy día.

A lo largo de su larga experiencia práctica, la Dra. Med. Vet. Jutta Ziegler ha llegado a la conclusión de que la alimentación incorrecta con piensos industriales, vendidos como alimentos "premium" a pesar de su escaso valor, es la principal causa de múltiples enfermedades. Esto lo demuestra el dramático aumento de casos de cáncer en perros y gatos, paralelo a la oferta creciente de piensos de baja calidad en supermercados, tiendas on-line y en las conocidas tiendas especializadas. La Dra. Ziegler se asombra y se estremece al contemplar cómo sus colegas (masculinos y femeninos), que poseen o deberían poseer ciertos conocimientos, se dejan arrastrar por los gigantes de la industria y venden estos piensos en sus consultas.

Pero como la indignación por sí sola no conduce a ninguna parte, la Dra. Ziegler colabora desde hace años con una empresa alemana para elaborar un pienso con ingredientes prensados exclusivamente en frío, pudiendo así ofrecer a sus clientes una alternativa más sana para perros y gatos.

A lo largo del año 2011 salió al mercado una línea especial de piensos para gatos. La oferta se completó con una amplia gama de productos naturales de gran calidad (suplementos alimenticios, curas antiparasitarias biológicas, hierbas, plata coloidal etc.).

Con este libro, Jutta Ziegler pretende asimismo acercarse a dueños responsables de perros y gatos que no son clientes de su consulta, poniendo a su disposición conocimientos e informaciones de gran utilidad (y gracias a los cuales muchos de mis propios animales han podido escapar de la "guadaña de la muerte" o disfrutar de una vida cualitativamente mejor).

Quizá tenga usted la posibilidad de encontrar en su ciudad o en los alrededores un veterinario como la señora Dra. Ziegler, ya que, afortunadamente, existen más representantes del gremio de la medicina veterinaria que trabajan con principios parecidos. En caso contrario, le propongo que muestre este libro a su veterinario. Puede ocurrir que éste lo lance furioso contra una pared; ¡aunque quizá sea lo suficientemente receptivo a conocimientos nuevos, o no tan nuevos pero enterrados bajo la rutina laboral, y se deje inspirar por él...!

Katja C. Schmidt,
Adnet en Salzburgo, enero del 2011

PRÓLOGO

¿Por qué he escrito este libro? ¿Por qué no dejo las cosas como están? Los veterinarios ganamos un buen sueldo con nuestros pacientes y sus dueños no se dan cuenta, salvo en una minoría de casos, de la "rueda de hámster" en la que se están metiendo cuando vienen a visitarnos. Muchos de ellos se sienten incluso agradecidos por los aparentemente abnegados esfuerzos que realizan sus veterinarios.

De ningún modo pretendo criticar a los veterinarios honestos que, por supuesto, existen. Más bien me dirijo a aquellos y aquellas colegas que abusan sin escrúpulos del amor de los clientes por sus mascotas y que juegan a angustiarlos para luego poder hacer lo inimaginable con sus animales, aunque sea absolutamente disparatado o innecesario. No estoy denunciando posibles errores en los tratamientos que, naturalmente, siempre podemos cometer (los veterinarios también somos humanos). Lo que pretendo desvelar es la precaria situación de lo que está ocurriendo miles de veces cada día en las consultas veterinarias, por culpa de la ignorancia, el desconocimiento y la mala fe (¡!).

Igual que en la medicina humana, se está jugando con el miedo, el desconocimiento y la mala conciencia de los dueños ("Si usted no hace tal o cual cosa, puede ocurrir…", o también, "¿Por qué no ha hecho usted esto o aquello…?"). Estas argumentaciones, casi intimidadoras, hacen posible la imposición de tratamientos, vacunas y medicaciones innecesarias. Muchas mascotas se convierten entonces sistemáticamente en pacientes, simplemente porque el veterinario exagera sus síntomas o los malinterpreta el tiempo necesario, hasta que un perro o un gato sanos se convierten en animales enfermos o, como mínimo, en animales que requieren tratamiento. Naturalmente, los dueños, asustados e inseguros, creen todo lo que ha vaticinado el "semidiós de la bata blanca". Básicamente, se puede clasificar a los veterinarios en tres grupos.

En el primer grupo encontramos profesionales cínicos y corruptos que saben exactamente cómo sacar el dinero del bolsillo de los clientes.

Son plenamente conscientes de la dudosa moral de su proceder. Movidos por estrecheces y presiones económicas o simplemente por pura codicia, actúan sin consideración hacia sus pacientes animales, siendo más fieles a los principios de la "monética" [N.d.T.: money + ética] que a los de la ética.

Al segundo grupo pertenecen los veterinarios que no reflexionan demasiado sobre la ética profesional sino, más bien, actúan como les han enseñado o "como todos los demás". Imitan sin reprobación lo que ha sido "aceptado desde siempre", sencillamente se dejan llevar y van discurriendo, con anteojeras, junto con el resto de sus colegas. Es un grupo numeroso que acepta sin vacilar los consejos de la industria de piensos y de las empresas farmacéuticas, sin cuestionárselos y sin objeciones. Tampoco son conscientes de las contradicciones de su comportamiento. Por un lado, actúan con la buena intención de ayudar a sus pacientes. Por otro, no indagan acerca de las causas de las enfermedades crónicas, cada día más frecuentes. En realidad, estos profesionales asisten con diligencia a seminarios de formación, lo cual es muy loable; pero la comprensión de la globalidad, así como el sano sentido común humano, han quedado relegados a un segundo plano. Además, ¿qué veterinario se atrevería a decir a un cliente, por ejemplo, que su perro está "sano" y que se vaya tranquilamente a casa? El temor a perder al cliente con tales afirmaciones, aunque sean verdaderas, y a que éste caiga en las manos de otro colega es incuestionable. Por eso, en lugar de actuar así, se exageran algunas menudencias y se proponen exploraciones y medicaciones innecesarias para nuestros pacientes cuadrúpedos. Por otro lado, el tema de la prevención es ignorado en grado superlativo. Las enfermedades, independientemente de lo frecuentes que sean, se conciben como algo "caído del cielo por casualidad" y se afrontan mediante tratamientos que van a generar otras enfermedades. A lo largo de todo el libro y a modo de hilo conductor, veremos ejemplos de ello.

Desgraciadamente, el tercer grupo de veterinarios es todavía muy pequeño aunque, a primera vista, parece que está aumentando. Como en la medicina humana, cada día existen más veterinarios que no se venden a la industria, que reflexionan sinceramente acerca de las mejores opciones para sus pacientes y que no anteponen sus intereses económicos a la salud y el bienestar de los animales que les han sido confiados. Estos profesionales son independientes de la industria de piensos y de la industria farmacéutica y solo rinden cuentas ante su propia conciencia.

Desde el punto de vista económico, deberíamos pensar que los representantes del primer grupo pertenecen al colectivo de trabajadores con sueldos privilegiados. Sí, es cierto; pero cada día existen más consultas veterinarias que realizan un trabajo holístico y ético para beneficio de los animales – y, no obstante, también generan suficientes ingresos. Los veterinarios, como los médicos, vivimos de nuestro trabajo. Por eso es justo, igual que en cualquier otra profesión, que los colegas diligentes y trabajadores tengan mejores sueldos, pero por favor, ¡no a costa de la salud de los pacientes que han sido puestos en sus manos! Por último, deseo mencionar el grato aumento del número de clientes críticos y bien informados, en gran parte gracias a "internet" que, sin duda, contribuirá a la proliferación del número de consultas veterinarias de orientación holística.

Estimados lectores, este libro debería ayudarles a poner en duda dietas y medicamentos prescritos, así como métodos dudosos de diagnóstico y tratamiento, con el fin de que ustedes mismos puedan reconocer de antemano a cuál de los grupos de veterinarios mencionados pertenece el representante que se encuentre ante ustedes.

Sin embargo, volvamos a la pregunta planteada al principio: ¿por qué he escrito este libro? Desde hace más de tres décadas regento una consulta veterinaria independiente para animales de compañía. En estos últimos años he adquirido plena conciencia de cómo los veterinarios, divulgando información falsa sobre todo lo referente a la alimentación de nuestros perros y gatos, a la excesiva frecuencia de vacunaciones y al uso exagerado de antibióticos y medicamentos químicos, han provocado literalmente enfermedades crónicas en nuestros pacientes animales. El aumento de casos de diabetes, epilepsia, inflamaciones de páncreas, enfermedades de hígado y riñón, alergias y muchas otras afecciones, ha sido generado principalmente ¡por nosotros mismos, los veterinarios! Por supuesto, tampoco juega un papel desdeñable la excesiva selección realizada en la cría de muchas razas de perros y gatos, causa de innumerables trastornos crónicos y enfermedades que, hace treinta años, no existían o eran auténticas rarezas.

Como profesionales, los veterinarios deberíamos recapacitar ante estos hechos. Me opongo rotundamente a quienes argumentan que nuestros perros y gatos son cada día más longevos gracias a tratamientos innovadores y exhaustivos y a piensos adecuados para cada enfermedad, porque esta afirmación no es correcta. Es verdad que algunos ejemplares de perros grandes consiguen vivir 15 años o incluso más; pero, aparte de que el número de estos es cada día más escaso, estos animales suelen llegar a esta edad como enfermos crónicos. Hace veinte o treinta años, cuando nuestros perros o gatos enfermaban, normalmente a una edad muy avanzada, morían tras una corta agonía. Hoy, nuestros animales de compañía toman muchos medicamentos, la mayoría innecesarios, para poder llegar a vivir 12 años o algo más. Y es casi imposible estimar cuántos pobres perros y gatos languidecen, de hecho, bajo tratamientos de larga duración.

Se está produciendo un paralelismo curioso entre nuestra salud y la de nuestros animales caseros. Dicen las estadísticas que nosotros llegamos a edades cada día más avanzadas. De acuerdo: pero esto va acompañado de un menoscabo de la calidad de vida, ya que nos convertimos antes en enfermos crónicos. Lo mismo está ocurriendo con nuestros animales caseros (¿cómo habría de ser diferente?): debido a la mala calidad de los alimentos procesados en industrias, a un estilo de vida inadecuado, al envenenamiento con medicamentos, a la contaminación medioambiental...etc., la incidencia de enfermedades crónicas en mascotas ha aumentado vertiginosamente. Afortunadamente, cada día se oyen más voces críticas que intentan denunciar esta situación en la medicina humana. Nuestro sistema sanitario está en quiebra, ya que nadie puede ni quiere pagar unos costes en constante aumento. Precisamente en el ámbito de la información y la prevención, no estamos mejorando nada y, mientras haya terapeutas que continúen trabajando como hasta ahora, no se producirá un cambio esencial. Si no otorgamos la debida importancia a la prevención, no progresaremos en absoluto. Entre los veterinarios y sus pacientes, la situación es muy parecida. Mientras no se produzca un cambio de conciencia y de paradigmas, todo va a continuar como hasta ahora. Es decir, los profesionales de la salud tendremos que tratar a niños y a adultos, así como a perros y gatos, cada día más gordos y más enfermos.

En el mundo veterinario no existe la seguridad social. Por un lado, mejor; pero por otro, no, ya que este "seguro de enfermedad", si lo hubiera, no pagaría muchos análisis, recetas y tratamientos innecesarios y, de ninguna manera, costearían los "piensos dietéticos".

Pero, ¿quién decidiría qué es necesario y qué no lo es? "La medicina veterinaria" es una profesión libre y debería serlo siempre. Pero repito: cerca del 80-85% de los 5,5 millones de perros que viven en Alemania actualmente padecen de manera crónica de obesidad, de daños hepáticos, de enfermedades metabólicas, de diversos problemas del sistema digestivo, de debilidad inmune, alergias, enfermedades cancerígenas, infecciones y trastornos diversos del sistema óseo. Por cierto, hoy día, el cáncer está situado en el primer lugar de las estadísticas de mortalidad animal.

Precisamente nosotros, los veterinarios, deberíamos utilizar nuestra valiosa libertad terapéutica para cultivar un contacto directo y sincero con el propietario, proporcionando desde el principio información clara y posibilidades de prevención, así evitaríamos una gran parte de las enfermedades mencionadas anteriormente. Desgraciadamente, la rutina diaria en las consultas es muy diferente. Debido al desconocimiento y a la ignorancia de los veterinarios o, más bien, por intereses pecuniarios, nuestra clientela es martirizada e inmolada con todo tipo de medidas absurdas que causan la degeneración hacia enfermedades crónicas.

Con este libro, estimado lector o lectora, ¡tengo la intención de zarandearle hasta que despierte! Asimismo desearía llamar la atención de mis colegas y de los propietarios de animales sobre los múltiples errores y la precaria situación actual en las consultas veterinarias.

Soy muy consciente de que la mayoría de mis compañeros no están conformes con mis conocimientos y convicciones, entre otras razones, por miedo a perder valiosas prebendas. Se me va a acusar de incompetente, de "ensuciar el nido" y ¡qué sé yo de cuántas cosas más! Pero la correlación entre el número creciente de perros y gatos enfermos y el aumento del consumo de antibióticos, productos para la desparasitación etc., confirma que algo no está funcionando en nuestro sistema. No hay ningún argumento contra ello: son hechos.

Por cierto, tengo bien claro que no voy a poder influir o convencer al ya mencionado grupo de veterinarios cínicos y corruptos. Sin embargo, en el segundo grupo de "aquéllos que nadan con la corriente", seguramente habrá compañeros receptivos a ciertas actitudes críticas y a estímulos de cambio. Los miembros del tercer grupo que, de hecho, ya piensan y trabajan de un modo similar al mío, encontrarán en este libro algunas ideas que tal vez solo habían intuido o sospechado hasta la fecha, además de innumerables confirmaciones sobre lo que ya sabían.

Finalmente, desearía mostrarles un ejemplo del increíble cinismo de un compañero de profesión, con el cual yo misma he tenido un percance.

Hace aproximadamente un año, me encontré con un colega del Tirol, defensor apasionado de toda la gama imaginable de piensos dietéticos que, por supuesto, vende en cantidades ingentes en su consulta. Cuando le pregunté si era consciente del daño que estaba causando a sus pacientes con tales productos, obtuve la siguiente respuesta: "Sí, claro que lo sé… así cada día tendré más pacientes. Oye, de eso vivo y, por cierto, ¡muy bien!". ¿Qué se puede replicar a esto?

Desgraciadamente, soy plenamente consciente de que este tipo de "profesionales" no tiene ningún interés en cambiar su forma de pensar. En tales casos, solo existe un colectivo muy poderoso que puede ejercer presión sobre su manera de trabajar: ¡ese grupo son ustedes, los dueños de perros y gatos! Infórmense, conviértanse en expertos sobre lo que beneficia a sus animales y, si es necesario, atrévanse a pronunciar un rotundo "¡NO!" ante sus veterinarios.

El cumplido más hermoso que pude recibir de un cliente, como me sucedió hace unos días, es oír que su perro no ha vuelto a enfermar desde que está en mis manos. Por eso espero que usted también tenga la posibilidad de encontrar un veterinario cerca de su casa que trabaje con métodos holísticos, por el bien y la salud de su animal, en lugar de uno que lo haga enfermar con piensos y tratamientos perjudiciales.

Mi libro podría y debería ser una guía para usted porque ofrece alternativas para poder hacer un uso razonable y consciente de medicamentos, piensos, curas antiparasitarias y vacunas.

Jutta Ziegler,
Hallein en Salzburgo, enero del 2011

ArtNatural
2011

Capítulo 1

El gato Félix ya no puede orinar

Las consecuencias de la alimentación con piensos industriales

El gato Félix tiene solo 5 años de edad cuando cae gravemente enfermo. Aunque lleva horas intentando orinar en su arenero, a duras penas consigue que le salgan un par de gotitas de sangre, apretando y con mucho dolor. Al hacerlo maúlla tan fuerte que Johanna P., su propietaria, corre asustada a la clínica veterinaria más cercana donde, tras hacerle un reconocimiento al gato, comprueban que tiene piedras en la vejiga o, más exactamente, cálculos de estruvita (formados por iones de fosfato, amoniaco y magnesio).

Lo anestesian, le ponen un catéter en la vejiga, le inyectan un antibiótico y un analgésico contra los dolores y Johanna regresa a casa con su gato, 10 pastillas de antibióticos, una pasta para acidificar la orina y 48 sobrecitos de 100 g de pienso húmedo dietético, especial para estos cálculos de la vejiga (48 euros).

Al día siguiente, Félix está mejor, aunque se niega rotundamente a comer el pienso dietético. Tras dos días de huelga de hambre, Johanna P. llama por teléfono a la clínica veterinaria para preguntar qué otro alimento podría ofrecer a su gato. Una ayudante responde amablemente a su llamada, advirtiéndole no obstante del riesgo que corre el animal si no come el pienso especial: muy pronto volverá a enfermar. Solamente le ofrecen la posibilidad de sustituir el pienso dietético blando por otro seco, por lo que Johanna P. regresa a la clínica para cambiar los paquetitos que había comprado. Sin embargo, desgraciadamente no le permiten devolverlos porque ha abierto, como era lógico, el paquete grande que contenía las bolsitas individuales. Aunque 44 de los 48 sobres están intactos, ¡ya no se pueden vender en la clínica veterinaria! Lo sienten muchísimo. Así pues, la señora P. regresa a su casa con otro saco de 3,5 kg de pienso seco dietético para la vejiga, que le ha costado 32 euros. Pero a Félix tampoco le agrada esta comida. Además, rechaza y escupe la pasta para acidificar la orina. Afortunadamente, Johanna consigue que se tome las pastillas de antibióticos con ayuda de un poquito de paté y mucha habilidad y paciencia, aunque siente inmensos remordimientos por dar paté a su gato que, según el veterinario, debe comer exclusivamente pienso dietético.

Tras dos días más de rechazo sistemático del pienso dietético, Johanna P. llama por teléfono a otro veterinario solicitando su ayuda. Este escucha el historial veterinario de Félix y le ruega que lo traiga inmediatamente a su consulta. La señora P. mete a su gato, ya más ligero de peso, en el trasportín y acude a la consulta. Nada más entrar en la sala de espera, la exposición de innumerables paquetitos de muestra y anuncios de piensos dietéticos capta su atención y, desgraciadamente, en esta consulta no le dicen nada nuevo. Cuando pregunta cuál podría ser la causa de la formación de cálculos de estruvita, recibe la misma y poco satisfactoria respuesta que en la clínica anterior: "Muchos gatos lo padecen, es bastante común", explica el veterinario. Vale... "¿Quiere eso decir que tendré que alimentarlo toda su vida con esta comida dietética tan cara que, además, no le gusta?", pregunta la señora P. "¡Pues claro! De lo contrario volverá a enfermar", advierte el veterinario, añadiendo inmediatamente: "Para los cálculos de estruvita, existen piensos dietéticos de diversas marcas; seguramente, alguno de ellos le gustará."

Después de poner otra inyección a Félix, a su dueña le venden 12 paquetitos más de pienso dietético para los cálculos de estruvita, por un precio de 32,40 euros. Y para que el menú sea más variado, le aconsejan llevarse también un paquete de pienso seco especial de otra marca (3 kg cuestan 29,90 euros). La señora P. regresa a casa esperanzada con su mascota. Pero Félix tampoco se conforma con esta comida. Prueba un par de bolitas del pienso seco y gira la cabeza asqueado. De la comida de lata come también muy poco. La señora P., desesperada, se pregunta qué ha hecho mal con su gatito. En la publicidad y en las consultas veterinarias oímos constantemente que los piensos industriales son el mejor alimento que existe para los gatos y que, además, les gustan mucho. Y habiendo comprado siempre piensos de calidad, ¡cómo es posible que haya cometido un error!

En realidad, lo más importante en esta historia sería saber por qué se han formado cálculos de estruvita en la vejiga de Félix. Después de todo, ¡Johanna P. ha hecho todo bien y ha alimentado a su gato exclusivamente con piensos preparados, "equilibrados" y "adaptados a las necesidades de estos felinos"!

Muchos dueños de gatos plantean este tema a diario en las consultas, sin recibir una respuesta satisfactoria de sus veterinarios. En general, las preguntas sobre la alimentación adecuada para esta especie o para un ejemplar que haya enfermado debido a una mala alimentación, no son bien acogidas. En lugar de interesarse por el tema, los veterinarios aconsejan alimentar a los gatos inicialmente con *Wiskas* y co. y después venden piensos dietéticos extremadamente caros a los dueños de aquellos animales que han enfermado por haber consumido tales productos. Pero estos piensos especiales, además de caros, son de una calidad ínfima, lo cual, aparentemente, nadie observa y a nadie parece importarle demasiado. Muy al contrario: cuantos más animales enfermos haya, más clientes tendremos en las consultas veterinarias...

Según parece, muchos veterinarios confían plenamente en los consejos ofrecidos por la industria de piensos. No es extraño ya que, desgraciadamente, durante los estudios de medicina veterinaria no se imparten conocimientos sobre la alimentación natural adecuada para esta especie. Los estudiantes de veterinaria aprenden a elaborar programas de alimentación a partir de tablas de nutrientes necesarios, que están basadas exclusivamente en datos aportados ¡por la propia industria de piensos! A lo largo de su carrera, los alumnos aprenden, por ejemplo, a calcular las necesidades diarias de un gato a partir de los valores aportados por diversas empresas de piensos industriales (composición y aditivos). Es decir, esta industria se ha inmiscuido desde el principio en los programas de estudios de las facultades de veterinaria, sin que nadie haya ejercido la menor crítica. ¡Qué práctico! Porque si un estudiante solo ha oído hablar de piensos industriales durante sus estudios, ¿qué razón podría tener, en algún momento de su vida, para criticar o cuestionarse la venta de los mismos? ¿Y si éstos, además, han aparecido ante sus ojos desde el principio como uno de los aspectos más lucrativos para su futuro profesional? Desgraciadamente, los estudiantes no tienen posibilidades de conocer alternativas a los piensos industriales: ni durante las prácticas que realizan en consultas y clínicas veterinarias, ni más adelante, en cursillos de perfeccionamiento sobre temas de alimentación de perros y gatos, cuyos sponsors, naturalmente, también pertenecen a la industria de piensos y son quienes van a predeterminar los temas y contenidos a exponer.

Así pues, los veterinarios, en general y desde el inicio de su formación, solo conocen la alimentación industrial para mascotas y van siendo literalmente atrapados en esta red. Cuando un joven veterinario abre su propia consulta, inmediatamente recibe generosos regalos de inauguración de los fabricantes de piensos – latas de pienso dietético, bolsitas de pienso seco y cajas enteras de paquetes de muestra para los clientes en el domicilio de la consulta, todo gratis, naturalmente. De este modo, el nuevo practicante tiene a su alcance un pienso dietético adecuado para cada enfermedad – ¡es tan fácil... y la rueda nunca deja de girar! Incluso para alimentar "cachorros sanos de perros o gatos", los veterinarios aconsejan, desde el principio, dar "exclusivamente" piensos preparados, porque contienen exactamente todo lo necesario para el desarrollo. Todos los días, miles de propietarios escuchan este cuento.

Sin embargo, la frase: **contiene todos los ingredientes que necesitan los perros y los gatos** ¡es el error más fatal que pretende hacernos creer la industria de piensos! Según la opinión oficial de estos fabricantes, así como de la mayoría de los veterinarios, las necesidades de nuestras mascotas se limitan a ciertos porcentajes de proteínas, grasas, fibras y a tantas o cuantas "unidades internacionales" de vitaminas sintéticas y minerales. Éstas son mezcladas químicamente en un laboratorio, obteniendo así un puro producto artístico de la industria. Y para que nuestros pobres cuadrúpedos se coman esta masa inerte, se añaden sin recato potenciadores de sabor y todo ello se sella con conservantes, evitando así su putrefacción. Se elaboran variantes especiales para cualquier edad, para cualquier raza, para cualquier constitución – aunque, realmente, las diferencias en la composición son mínimas y, en principio, todos ellos son prácticamente iguales.

Volvamos a nuestro gato Félix y sus piedras de estruvita: como ya he apuntado más arriba, Félix ha comido exclusivamente *Whiskas, Kitekat* y co. durante toda su vida, casi siempre el pienso seco, tal como había recomendado el veterinario. "Pruebe usted tranquilamente todas las marcas que hay en el mercado, las que más le gusten le irán bien", había dicho el veterinario a Johanna y ella, como buena "ama" de gato, así lo había hecho. Desde el punto de vista del veterinario, que Félix ahora esté enfermo no tiene ninguna relación con su alimentación. Las enfermedades, eso debe quedar bien claro, aparecen de pronto, "simplemente así"; además, un animal enfermo contribuye con mayor eficacia a hacer rebosar la caja de la consulta.

Pero, ¿cuál es la razón real de que nuestro gato Félix tenga cálculos de estruvita? El pienso seco para gatos contiene una gran proporción de cereales (hasta un 80%). El resto suelen ser, en general, proteínas de escaso valor biológico, "infladas" con aditivos. Sin embargo, el gato es, en principio, un carnívoro puro y su alimento debe constar al menos de un 93% de proteínas de alto valor biológico de origen animal. Los cereales no deberían estar presentes en ningún alimento adecuado para esta especie, salvo la pequeña porción de granos contenidos en el estómago de un ratón que ingieren, junto con el pequeño roedor, los felices gatos que viven en el campo.

El intestino de un gato está concebido de tal modo que no es apto, en absoluto, para digerir los cereales. Es un intestino muy corto, por lo tanto incapaz de desdoblar y utilizar los hidratos de carbono (cereales) adecuadamente. Por esta razón, no existe ningún pienso seco capaz de satisfacer las necesidades de proteínas de alto valor biológico de los gatos. Consecuencia: la elevada proporción de cereales en los piensos para gatos produce una alteración del pH [N. del T.: grado de acidez] de la orina, lo cual favorece la formación de cálculos en la vejiga. Además, cuando un gato come su "alimento natural", o sea, ratones o carne cruda, adquiere simultáneamente suficiente cantidad de líquido, lo cual no ocurre con el pienso seco. Para poder obtener el líquido correspondiente, un gato alimentado con pienso seco debería beber una cantidad de agua equivalente a tres veces la cantidad de pienso ingerida. Pero los gatos, por naturaleza, no hacen esto – ya que son animales esteparios que beben muy poco. Para compensar la falta de líquido generada por la ingesta de pienso, el organismo del gato concentra la orina al máximo y orina con menor frecuencia. La formación de cálculos de estruvita es la consecuencia lógica de la concentración excesiva de la orina y del cambio del pH de la misma hacia la zona alcalina, debido a la elevada proporción de cereales de los piensos.

¿Y Félix? Johanna ha terminado harta de piensos dietéticos carísimos que su gato no quiere comer y que casi siempre acaban en la basura. Ha vuelto a comprar el mismo pienso de siempre, que al menos le gustaba. Mezcla cuidadosamente la pasta para acidificar la orina en el pienso y consigue que, de este modo, el gato se la coma. A veces añade incluso un par de bolitas de pienso dietético. Félix está tan delgado y hambriento que, aunque con desgana, termina comiéndoselas.

Pasados unos meses, Félix está mejor. Pero un buen día vuelve a sentarse en su "arenero" e intenta orinar. Maullando de dolor, solo consigue que salgan un par de gotitas. "¡No empezará otra vez…!", piensa Johanna P., cogiendo a su gato para llevarlo nuevamente al veterinario. El procedimiento seguido en la clínica es idéntico al de la vez anterior: narcosis, catéter, inyecciones, pastillas. Sin embargo, el diagnóstico ahora es el siguiente: piedras de oxalato, es decir, piedras en el riñón. "¿Y eso?", pregunta la señora P. al veterinario de turno, contándole los problemas que ha tenido porque su gato rechazaba el pienso dietético, y cómo había conseguido darle la pasta acidificante. El veterinario reacciona indignado, haciendo responsable a la señora P. de la formación de los cálculos de oxalato en el riñón y argumentando que ella probablemente haya mezclado demasiada cantidad de pasta acidificante en la comida, provocando una acidez excesiva de la orina y la formación de nuevos cálculos. En esta ocasión, sin embargo, el gato Félix no se va a recuperar tan deprisa; el tiempo pasa y cada día bebe más y come menos. El nuevo pienso dietético, ahora especial para los cálculos de oxalato, tampoco le gusta y prefiere pasar hambre.

Pocos meses después, Félix está muy delgado y tiene un aspecto hirsuto y desgreñado. No queda nada del orgulloso gato de antaño. Aun así, Johanna contacta de nuevo con la clínica veterinaria para informarles del penoso estado de su gato. El veterinario le aconseja traerlo inmediatamente a la consulta para hacerle un análisis de sangre. Cuando suben a Félix en la mesa de tratamiento, éste araña y muerde en todas direcciones... según parece, el bonachón gato se ha vuelto realmente agresivo. Tienen que sedarlo nuevamente para poder extraerle sangre. El resultado del análisis es bastante triste: los valores de urea y creatinina son excesivos, así como el contenido de fósforo. Félix está enfermo del riñón.

Le ponen un goteo intravenoso, algunas inyecciones y, como en anteriores ocasiones, Johanna P. regresa a casa con 48 paquetitos de pienso fresco, 4 kg de pienso seco – esta vez especial para los riñones –, pastillas y un polvo que debe darle una vez al día para disminuir la concentración de fósforo en sangre. El veterinario, ante la desesperada expresión en el rostro de Johanna por el precio del nuevo pienso dietético, insiste en la importancia del mismo ya que Félix, debido a su enfermedad renal, necesita ahora un alimento bajo en proteínas. Cuando Johanna P. pregunta por las posibles causas de la enfermedad renal, la respuesta de mi colega es que los riñones son, en general, el punto débil de muchos gatos y que, dado el historial médico de Félix, era fácil vaticinar lo ocurrido: meses o incluso años después de padecer cálculos es habitual que aparezcan problemas de riñón.

Sin embargo, la enfermedad renal es realmente la consecuencia de una alimentación incorrecta. Independientemente de si el pienso seco es dietético o normal: en los dos casos la proporción de cereales es excesiva, los riñones son incapaces de eliminar sus residuos metabólicos y se va produciendo una sobrecarga crónica. Entonces, ¿por qué recetan a Félix, precisamente ahora, un pienso bajo en proteínas? Es algo así como si a una vaca le prohibiesen comer heno y hierba, aunque esta sea su principal fuente alimenticia.

Más aún, la importancia de reducir los niveles elevados de fósforo en gatos enfermos del riñón tampoco está demostrada. Con tales medicamentos se pretende, supuestamente, evitar el depósito dañino de calcio en los riñones. Pero la disminución del nivel de fósforo mediante productos químicos repercute, a su vez, sobre el nivel de calcio, ocasionando un verdadero desequilibrio en la delicada interacción de estos dos minerales. En principio, debemos tener en cuenta que las razones principales de la formación de piedras en la vejiga son: la alteración del pH de la orina y la necesidad de concentrar la orina excesivamente. En etapas posteriores suelen aparecer enfermedades de riñón, pero estos dos cuadros patológicos también pueden presentarse independientemente uno del otro.

¡Cuántos gatos jóvenes he visto en mi consulta (de 5 años o menos) que han tenido que ser sacrificados por insuficiencia renal aguda! Y, según parece, esta cifra está aumentando, a pesar de que mediante un sencillo cambio de alimentación en los gatos enfermos (cuando aún es posible, es decir, si el gato no ha sido radicalmente desensibilizado hacia alimentos naturales como la carne cruda o un ratón), se puede conseguir que vivan aún muchos años con vitalidad. En el alimento natural, las proteínas y el fósforo se encuentran en la proporción idónea, de modo que no se forman cálculos en la vejiga, ni de estruvita ni de oxidita, porque el valor del ph de la orina es normal y no sufre variaciones constantes.

Como ya he mencionado anteriormente, cuando un gato solo conoce el pienso, es decir, cuando lo hemos convertido en un adicto a potenciadores de sabor y otros aditivos, puede resultar difícil acostumbrarlo a la alimentación natural. Pero si realizamos una "deshabituación progresiva" mezclando carne cruda en el pienso y reduciendo progresivamente la cantidad de este último, podremos conseguirlo. Desgraciadamente, algunos propietarios siguen estas directrices, pero tan pronto como el gato se ha curado, vuelven al consumo de piensos industriales. De este modo, la próxima recaída está programada. Afortunadamente, después de varias recidivas, la mayoría de los dueños tienen el suficiente sentido común como para aceptar la prohibición del pienso industrial.

El resultado de todo esto es que, al final, nos podemos topar con clientes que saben más, de hecho, que la mayoría de los veterinarios. Porque estos últimos, en caso de enfermedad renal, siguen recetando estoicamente piensos bajos en proteínas y fósforo, así como sustancias para elevar o reducir el ph en caso de piedras en la vejiga, simplemente porque es el procedimiento estándar. Y ¿cómo no iba a serlo si se lleva enseñando así desde hace años en las universidades?

Quisiera mostrarles, a modo de ejemplo, un intercambio de correos electrónicos que tuve con la directora de la Facultad de Medicina veterinaria de Viena, con fecha del 05.11.2009:

> Estimada colega:
> Tengo dudas referentes a un tema de alimentación. ¿Qué recomienda usted para gatos enfermos de riñón? ¿Qué piensos dietéticos se toleran mejor y producen mejores resultados por sus ingredientes, aditivos etc.?
> Agradeciéndole su ayuda, un cordial saludo
> Dra. Jutta Ziegler

La respuesta:

Sra. Dra. Ziegler:

Respecto a las dietas de riñón para gatos, el pienso de *Hill's k/d* es el que contiene la menor proporción de proteínas y fósforo; está recomendado en casos de insuficiencia renal media o aguda (por supuesto, solo si el animal lo come, ya que la aceptación no es demasiado buena). El pienso dietético de *Royal Canin* tiene una proporción algo más alta, por lo cual está indicado en casos más leves o cuando el animal rechaza el *Hill's* y también como alimento ordinario, por tener una calidad en todo caso muy superior a la de los piensos dietéticos para el riñón de tiendas especializadas o a la de los piensos normales.

En resumen, en casos agudos, unas seis o ocho semanas el *Hill's*; cuando la urea y el fósforo en sangre se hayan estabilizado, primero el *Royal Canin* mezclado con el *Hill's* y después – según el estado del animal – *Royal Canin.*

Saludos,
Debajo: nombre de la directora

¡Vaya auténtica experta! Y ¿qué entiende la señora Directora X por "comida normal"? ¿*Whiskas, Sheba* y co.? Esto demuestra claramente cuán estrecha es la conexión entre las universidades y la industria de los piensos. Por eso, es lógico que los veterinarios continúen practicando simplemente lo que oyeron y aprendieron antaño. Sin duda, también por su propio beneficio.

Esta digna colega de la universidad no dice ni una sola palabra sobre las materias primas utilizadas para elaborar tales piensos; ni sobre la proteína de escaso valor o la elevada proporción de cereales de estos piensos que, precisamente, sobrecargan los riñones; no aporta información alguna sobre la composición de las proteínas, sobre los peligrosos conservantes o acerca de posibles alternativas para alimentar a un gato enfermo del riñón con una comida elaborada en casa que contenga proteínas de alta calidad. En un caso como este, desgraciadamente prevalece la interdependencia con la industria de los piensos por encima del sano sentido común humano.

Y realmente, ¡es tan sencillo alimentar a un gato de acuerdo con las necesidades de su especie (ver capítulo 10)! Solo se necesita el mencionado sano sentido común y un poco de confianza en el hacer propio, pero, según parece, estas cualidades se han perdido en nuestro mundo industrializado. Las personas que alimentan a sus animales con carne cruda no pueden contárselo tranquilamente a cualquiera y, si lo hacen, solo a alguien de confianza porque, frecuentemente, los demás propietarios se echan las manos a la cabeza y los tratan como a ignorantes: ¿Cómo puedes hacer eso? ¡Qué responsabilidad, el pobre animalito va a sufrir carencias dentro de nada…! Y créame, con toda seguridad eso no va a ocurrir… sino precisamente lo contrario.

¿Cómo continúa la historia de Félix? El gato sigue perdiendo peso porque casi no prueba el pienso dietético para el riñón, ya que no le gusta nada. Está apático y es tan solo una sombra de lo que fue antaño. Cuando empeora gravemente, su dueña lo lleva a la clínica veterinaria, donde le ponen infusiones intravenosas. Por supuesto, Johanna ha pedido consejo a otros veterinarios, pero ninguno le ha dicho nada diferente. Y ella, finalmente, se ha resignado.

Un día, cuando el estado de Félix es digno de compasión, porque solo bebe agua y no come nada, su dueña decide, con todo el dolor de su corazón, liberarlo de su sufrimiento. Lo lleva a la clínica veterinaria para que lo eutanasien. En esta ocasión, ¡qué piadosos!, le envían la factura por correo a su domicilio.

Félix ni siquiera había cumplido 7 años.

Una historia triste e indignante aunque, desgraciadamente, el ejemplo del gato Félix no es un caso aislado sino, estadísticamente, uno de muchos, muchos más.

ARTNATURAL
2011

Capítulo 2

El labrador Paule se rasca hasta hacerse sangre

Por qué los piensos hipo-alergénicos solo dan resultado a corto plazo o no son efectivos en absoluto

Desde que era un cachorro, el labrador Paule ha sido alimentado exclusivamente a base de pienso seco especial para cachorros. Silvia H. adquiere este perro cuando tiene ocho semanas de edad y, para hacer bien las cosas, compra el pienso recomendado por la propia criadora, que argumenta que el cachorro está acostumbrado a él, lo tolera perfectamente y contiene todos los ingredientes necesarios... Sin embargo, después de pocas semanas, el pequeño Paule comienza a sufrir diarreas recurrentes. Afortunadamente, las pastillas de carbón vegetal que le receta el veterinario dan muy buen resultado en estos casos.

A veces, cuando la diarrea es intensa y su estado general empeora notoriamente, tiene que tomar un antibiótico. Por lo demás, al perro se le ponen todas las vacunas habituales para su edad y se le administran los productos antiparasitarios intestinales y externos necesarios – es decir, es sometido a un programa veterinario completo, casi "de libro". A las pocas semanas, Paule comienza a rascarse desesperadamente. Está intranquilo y no se acomoda; se rasca y se muerde sin cesar, especialmente por la noche. El veterinario le aplica otro producto contra las pulgas y le inyecta un medicamento contra los picores, que de momento mejoran, pero a los pocos días reaparecen con mayor intensidad. Tiene las orejas rojas e inflamadas como un cangrejo. Es obvio que lo está pasando muy mal.

Silvia H. lo lleva de nuevo al veterinario, que le receta baños antialérgicos y le da gotas para los oídos y pastillas de antibióticos para tomar durante los próximos diez días. Por supuesto, también le pone una inyección y dicta el diagnóstico correspondiente: el cachorro tiene alergia. Esto implica que debe empezar inmediatamente a comer un alimento hipo-alergénico, naturalmente, en forma de pienso seco. Baños, gotas en los oídos, pastillas… ¡Un montón de trabajo para Silvia! Pero a ella no le importa, lo principal es que Paule se cure. Aunque al perro no le guste el pienso hipo-alergénico, ella persiste en no darle ningún otro alimento hasta que, finalmente, se lo come desganado. Entretanto, ya ha cumplido 6 meses de edad y es un cliente regular del veterinario. Tras diez días de tratamiento con los antibióticos prescritos, Paule ha mejorado mucho, aunque ha surgido otro problema adicional: las pastillas le dañan el estómago y el intestino, por lo que el perro vuelve a tener diarreas. Silvia H., que ya conoce bien los síntomas de Paule, recurre a las pastillas de carbón vegetal, que todavía resultan efectivas.

Unas semanas después, retornan los picores por todo el cuerpo; Paule está irritado, tiene las orejas muy inflamadas y se queja de dolor. Silvia H., desesperada, acude a otro veterinario. Éste realiza un test de alergia, lo envía al laboratorio y le pone al perro un collar isabelino para que no pueda rascarse más. Como medida preventiva, y para que el período de espera hasta recibir los resultados del test sea más llevadero, el veterinario le inyecta cortisona y a Silvia le da unas pastillas para continuar el tratamiento en casa. El resultado del test realizado es el siguiente: Paule es alérgico a los ácaros del polvo, a los ácaros del pienso, al maíz, a la carne de ternera y a la de cordero.

Dado que el pienso hipo-alergénico que consume Paule contiene básicamente maíz, es necesario encontrar uno elaborado a base de soja. El veterinario recomienda a Silvia que lave con frecuencia los textiles del perro y que compre una aspiradora con filtro para los ácaros. Además, debería congelar el pienso seco antes de utilizarlo para así matar los ácaros que contiene. Silvia acepta todas estas instrucciones y está dispuesta a hacer lo que sea necesario para curar a Paule. Le entristece inmensamente ver a su perro en este estado, sufriendo picores continuos y con las orejas doloridas e inflamadas.

Aparentemente, las medidas adoptadas surten efecto durante un tiempo. Pero, un buen día, Paule comienza a rascarse de nuevo. Silvia le pone el collar isabelino inmediatamente, pero el perro, en un ataque de picor intenso, se lo arranca y lo hace pedazos; después se muerde y se rasca hasta hacerse sangre. Entretanto, Paule tiene áreas muy dañadas en el abdomen, con la piel ennegrecida y de aspecto coriáceo y, últimamente, empieza a morderse la espalda y los costados – donde también aparecen zonas enrojecidas y purulentas. Silvia H. está desesperada.

Paule, a punto de cumplir su primer año de edad, no ha sido nunca un animal sano. Siempre cansado y sin ganas de salir a pasear, no irradia alegría ni vitalidad. Tiene el pelo quebradizo y desgreñado y su dueña ya no le permite entrar en el cuarto de estar porque huele bastante mal y tiene muchos gases. Ni el perro, ni ella están contentos con esta situación. A intervalos regulares de tiempo, sufre episodios de diarrea y las pastillas de carbón vegetal ya no producen efecto. Silvia, harta de la situación, decide llevar a Paule, por recomendación de un conocido, a una clínica veterinaria situada a cierta distancia, pero especializada en enfermedades de piel.

El veterinario especialista le hace un análisis de sangre, otro de heces, un test de alergia, una ecografía y una radiografía. Silvia espera impaciente los resultados que, desgraciadamente, no van a ser positivos en absoluto: los valores hepáticos están elevados, las enzimas pancreáticas sobrepasan los límites normales, la elastasa de las heces es demasiado baja y el cuadro hemático tampoco es favorable. Según el test realizado, Paule es alérgico a los ácaros del polvo, a los ácaros del pienso, al trigo, al maíz, a la carne de ternera y de cordero y ahora, además, a la soja. Deciden ponerle un goteo intravenoso con sustancias protectoras del hígado y Silvia se lleva pastillas para el hígado y enzimas digestivas para darle en casa. Naturalmente, es necesario recurrir a un nuevo pienso hipo-alergénico. Esta vez le proponen uno bastante exótico: carne de ciervo con tapioca. Silvia H. comienza a sentirse indignada porque el precio de la exploración, el tratamiento, los medicamentos y los piensos constituyen una seria amenaza para su economía doméstica: solo un saco de cualquier pienso hipo-alergénico cuesta entre 56 y 85 euros (12 kg). Además, Paule no se está curando, más bien cada día está más enfermo. Después de haber cambiado tres veces de marca de pienso, (porque las mejorías solo son pasajeras), después de que todas las terapias hayan fracasado y de que el estado de Paule sea cada día más lamentable, Silvia H. decide hacer un último esfuerzo y, en la primavera del año 2008, se presenta en mi consulta con su perro. Como veterinaria especialista en homeopatía recibo continuamente casos como este, en los que aparentemente no queda ninguna esperanza porque ya se han probado todas las terapias imaginables.

¿Qué ha ocurrido realmente con Paule? Comencemos por el principio: a Paule, desde que nació, lo han alimentado exclusivamente a base de pienso seco, por cierto, igual que a su madre. Este hecho ha colocado los cimientos para futuras enfermedades porque el perro, con esta alimentación, no ha desarrollado la flora bacteriana sana típica de un carnívoro. Normalmente, los cachorros al nacer (cuando atraviesan el canal vaginal), adquieren de su madre bacterias y enzimas digestivas imprescindibles; este fenómeno sigue ocurriendo durante sus primeras semanas de vida, gracias a los lamidos y limpiezas regulares que realiza la madre etc... Paule no ha adquirido estas sustancias tan necesarias, ya que su madre también fue alimentada exclusivamente con pienso seco y tampoco ha podido crear su propia flora bacteriana sana en fases posteriores, al no disponer de ninguna otra opción alimenticia.

¿Por qué ocurre esto? Durante el procesamiento, los piensos secos son sometidos a altas temperaturas y triturados mecánicamente al máximo. Aunque este procedimiento facilite su elaboración, sin embargo, destruye a la vez enzimas muy valiosas para la digestión, desnaturaliza las proteínas y aniquila bacterias que juegan un papel importantísimo en la digestión. El único componente realmente vital que queda en el pienso seco después de haber sido elaborado son ¡los ácaros del pienso! Pero de ellos hablaremos más adelante.

¿Qué se puede hacer en un caso como el de Paule? Como primera medida, debemos acostumbrarle a comer alimentos "vivos". En este contexto, "vivos" no significa que deba comer gallinas vivas, evidentemente, sino simplemente alimentos cuyos componentes estén en su estado natural original, que no hayan sido descompuestos íntegramente en sus ingredientes y mezclados después de haber sido alterados, como ocurre durante la fabricación de los piensos secos. Después de todo, un producto original no es la simple suma de sus componentes químicos. El "estado original" solo lo encontraremos en el alimento natural, lo cual significa: carne y restos de carne – y además crudos. Le añadiremos verduras y hierbas.

Silvia H. está dispuesta a preparar la comida de Paule ella misma. Primero debemos conseguir que en el intestino se desarrolle una flora bacteriana sana. Por supuesto, esto no ocurre de hoy a mañana; menos aun cuando la elección del tipo de carne es complicada, debido a las múltiples alergias que ha sufrido el perro.

El pienso, un alimento que podríamos calificar de "estéril", no solo impide la formación de una flora bacteriana sana sino que, además, debido a la elevada proporción de cereales que contiene, somete al páncreas a un esfuerzo constante que aumenta considerablemente el riesgo de padecer diabetes. En definitiva, convertimos a estos carnívoros en comedores de cereales por un motivo exclusivamente económico: el cereal es mucho más barato que la carne.

Los piensos industriales requieren hasta veinticuatro horas para recorrer completamente el canal digestivo; la carne fresca, solo de seis a ocho horas. El tiempo de digestión es, por tanto, muy dispar. Debido al esfuerzo excesivo y continuo realizado por el sistema digestivo para procesar un alimento cuya composición no es adecuada para la especie, se va produciendo una carencia enzimática cada vez mayor, que causa fermentaciones perjudiciales en el intestino. El primer síntoma que observamos es la diarrea, como ocurrió con Paule al principio. Durante estas fermentaciones, se generan sustancias que aumentan la permeabilidad de la mucosa intestinal, la cual entonces puede ser atravesada fácilmente por moléculas de mayor tamaño de lo normal. La entrada en la sangre de moléculas extrañas y excesivamente grandes es la causa de que el sistema inmune, lógicamente, reaccione contra ellas formando gran cantidad de anticuerpos. Esta es la primera fase en la aparición de una alergia. Si este tipo de sustancias continúa penetrando en el organismo, (aquí incluyo también, por supuesto, todos los aditivos artificiales de los alimentos), acabará incorporándose directamente en las vías metabólicas del mismo. El sistema inmune empieza a "enloquecer" y a generar continuamente nuevas reacciones de defensa.

El mismo fenómeno ocurre con ingredientes procesados que, en su estado original, no provocarían alergia, como, por ejemplo, la carne de vacuno, alimento en principio natural y sano para los perros. Estas reacciones inmunológicas se van multiplicando constantemente, de modo que el animal padece una alergia detrás de otra. Por esta razón, las llamadas "desensibilizaciones" solo dan, por lo general, resultados efímeros e insuficientes: el método consiste en elaborar una vacuna contra un antígeno concreto (la sustancia que genera la alergia) e inyectarla después en varias dosis – la terapia puede durar años. En los tratamientos habituales, el primer paso suele limitarse a realizar un análisis de sangre para detectar los posibles alérgenos. Según los resultados obtenidos, se elegirá el pienso adecuado para la alergia concreta. Sin embargo, la diferencia entre piensos de distintas marcas radica exclusivamente en la composición y, aunque los piensos dietéticos utilicen una única fuente de proteínas, ¡los inconvenientes del pienso como alimento siguen siendo los mismos!, sobre todo debido al procesamiento industrial al que son sometidos (causante de la destrucción de todas las sustancias vitales) y a la agregación de aditivos químicos. Por cierto, los conservantes y otros aditivos también pueden provocar reacciones alérgicas. Es comprensible, por tanto, que estos tratamientos no consigan dar buenos resultados o, en el mejor de los casos, solo permitan obtener mejorías pasajeras.

Por todas estas razones, deberíamos ir paso a paso con pacientes como Paule. En primer lugar, es necesario desintoxicar su intestino; a continuación reconstruiremos una flora bacteriana funcional y, a continuación, procederemos a realizar una dieta de eliminación para descubrir qué alimentos tolera Paule y cuáles no. Para empezar, Paule debe ayunar dos días: solo podrá tomar agua y una cucharada de yogurt natural. Más adelante, le daremos pollo cocido con zanahorias (¡cocido solo al principio, después no!), yogurt natural, algas marinas y barro curativo todos los días. Todas las semanas debe guardar un día de ayuno. Hemos observado que el perro tolera esta rutina perfectamente, es decir, el pollo no le crea problemas. Pasadas cuatro semanas, introduciremos la carne de vacuno con verdura, cociendo menos la carne cada día. Al cabo de unas semanas, la digestión de Paule se ha estabilizado y come su porción de verdura mezclada con carne completamente cruda lo cual, además, ¡le encanta! También añadiremos barro curativo y algas marinas, junto a otras hierbas como perejil, albahaca, orégano, cebollino o diente de león. El hecho de que ahora tolere bien la carne de vacuno, que anteriormente había dado resultado positivo en el test de alergia, indica que su flora intestinal se ha equilibrado.

La alergia a ciertos tipos de carne como, por ejemplo, a la carne de vacuno en el caso de Paule, suele estar producida exclusivamente por el producto en su "versión" procesada. En estado natural, es decir, cruda, casi nunca genera intolerancias. La dieta de eliminación que hemos realizado con Paule ha mostrado que puede comer prácticamente cualquier tipo de carne no procesada. Actualmente, lo único que no tolera es la carne de cordero. Cuando la come, se le enrojecen las orejas rápidamente. Por eso, hemos excluido el cordero de su alimentación. Paule ya no padece diarreas y los picores han mejorado notablemente; solo las orejas "dejan algo que desear". De vez en cuando, sufre algún episodio inflamatorio, porque su alergia aún no ha desaparecido del todo. Pero gracias a su flora bacteriana intestinal fisiológica, hace bien las digestiones y las diarreas han pasado a la historia: en su intestino ya no se producen toxinas que puedan atravesar la pared intestinal y llegar a la sangre, con lo cual su sistema inmune se ha estabilizado.

Aunque con menor intensidad, Paule aún es alérgico a los ácaros del polvo, por lo cual sería conveniente que pasase más tiempo al aire libre. Silvia instala una valla alrededor del jardín de su casa para que el perro pueda salir al exterior siempre que lo desee. En cuanto a la alergia a los ácaros del pienso, ya no tiene importancia, porque Paule tiene terminantemente prohibido comer piensos industriales y los ácaros del pienso… ¡solo se encuentran en el pienso seco! Por cierto, la recomendación del primer veterinario de congelar el pienso para matar los ácaros que contiene carece de sentido, porque aunque los ácaros mueran por congelación, sus heces, las verdaderas causantes de la alergia, siguen estando presentes. El perro tampoco puede comer alimentos destinados al consumo humano (embutidos, carnes condimentadas etc.), ya que los aditivos que contienen podrían causarle problemas (igual que los aditivos de los piensos). Silvia está satisfecha de poder solucionar un problema tan complejo como el de su perro de un modo relativamente sencillo. Es más, ella disfruta preparando la comida de Paule porque el perro la devora encantado. Con el tiempo, las inflamaciones de las orejas se reducen, el pelaje adquiere un brillo intenso y el perro irradia vitalidad, juega y sale encantado a pasear. Además, como ya no huele mal ni expulsa gases constantemente, puede estar en el cuarto de estar con los dueños sin apestarlos. ¡Realmente, parece otro!

Desgraciadamente, casos similares a éste vienen a menudo a mi consulta. Y no todos tienen un final tan feliz como el de Paule, pero al menos siempre conseguimos mejorías notables. Además, algunos de estos animales toman bastantes medicamentos que, al dañar la flora intestinal e irritar el sistema inmune, dificultan en gran medida la curación total.

En la mayoría de las consultas veterinarias, ¿cómo se suele hacer frente a estas patologías? Después de los test de alergia y de eventuales desensibilizaciones (costosas, largas y de resultados pasajeros), generalmente se receta cortisona, el medicamento estándar de cualquier veterinario impotente ante las enfermedades alérgicas. Normalmente, los tratamientos con cortisona suelen ser de larga duración o de por vida; es decir: para conseguir una pequeña mejoría pasajera se pagará en el futuro un alto precio de graves efectos secundarios y enfermedades producidas por este medicamento (Morbus Cushing, quiebra del sistema inmune).

En realidad, cualquier veterinario debería reflexionar sobre el hecho de que los piensos hipo-alergénicos solo produzcan mejorías pasajeras y de que necesitemos ingredientes cada día más exóticos para escapar de las nuevas alergias que van apareciendo. A decir verdad, la recomendación de nuevos piensos hipo-alergénicos por parte de los propios veterinarios es una auténtica provocación de nuevas alergias. Algunos de estos piensos contienen demasiados ingredientes (como cualquier pienso normal), con lo cual dificultan igualmente la distinción entre los componentes que provocan alergia y los que no. Normalmente, además de una o varias fuentes de proteína animal, se incluyen ingredientes que aportan proteína vegètal. En resumen, es prácticamente imposible descubrir cuál es el auténtico agente causante de la alergia. Una dieta de eliminación correcta debe contener una única fuente de proteínas y un único tipo de verdura o de hidrato de carbono. En ningún caso más. Y nunca se debe realizar con piensos industriales.

Creo francamente que cualquiera debería darse cuenta de esto. Llegará un momento en que no encontremos ingredientes nuevos; y después de haber pasado por la carne de avestruz, de caballo y de búfalo, después de la tapioca y la achicoria, tal vez acabemos añadiendo trufas a los piensos industriales, como único recurso al final de una larga lista... Y, llegados a este punto, solo nos quedará una solución: la terapia con cortisona de por vida, con todas las consecuencias negativas que ello implica. Desgraciadamente, este es el procedimiento estándar en las consultas veterinarias, donde continuamente se repite la misma secuencia. Por eso aumentan las enfermedades alérgicas en perros y gatos sin cesar – y solo desde que se ha generalizado el consumo de basura industrial procesada entre nuestros animales de compañía. No cabe duda de que si seguimos intentando combatir un problema con un producto igual – o muy similar– al que lo había provocado, es decir, con más piensos, también procesados en industrias, fracasaremos a largo plazo.

Es asombroso que existan tan pocas personas conscientes de este problema y, desgraciadamente, los veterinarios no son parte de esa minoría, a pesar de ser los responsables principales de lo que está ocurriendo. Tal vez se encuentren demasiado atareados vendiendo caros piensos hipo-alergénicos a su clientela y manteniendo bien "atados" a sus pacientes con medicamentos que los hacen enfermar.

No quiero decir con esto de forma absoluta que todos mis colegas actúen de este modo deliberadamente, pero algunos saben exactamente lo que están haciendo y han premeditado fríamente su manera de actuar. Hace poco, me topé casualmente con un compañero, dueño de una de las consultas que más factura por la venta de piensos en Austria. Cuando le pregunté si era consciente del daño que causaba a nuestros perros y gatos con el pienso industrial, respondió afirmativamente y añadió que sus ingresos por la venta de los mismos eran gigantes y que ¡desde luego, no estaba dispuesto a renunciar a ellos! Precisamente, los veterinarios más "veteranos" conocen este problema o, al menos, sospechan que el pienso pueda haber jugado un papel decisivo en el aumento incesante de las alergias – y no solo de éstas, sino de muchas otras enfermedades que antes no se veían tan a menudo.

Aunque parezca inexplicable, en casos de alergias severas, algunos colegas suprimen, con mucha sensatez, los piensos industriales y realizan una dieta de eliminación con comida natural preparada en casa, pero en cuanto el paciente experimenta una mejoría, vuelven a recomendar el pienso industrial. Es decir: parece que estos profesionales no tuvieran mucha fe en los piensos industriales pero, al final, el mercantilismo y la comodidad triunfasen. Y la salud del animal, como demuestra la experiencia, vuelve a entrar en un callejón sin salida. Mientras no atajemos el mal de raíz – y, en este caso y en muchos otros, el mal es la alimentación a base de piensos industriales – seguiremos naufragando en el tema de las alergias. Y son muchas las personas que se benefician de ello: los veterinarios, la industria farmacéutica y la industria de los piensos. Nuestros pobres perros y gatos son las víctimas.

Pero… ¿alimentación cruda biológicamente adecuada para cada especie? Con ella solo ganaría dinero el carnicero o, como mucho, el granjero ecológico, que se sacrifica en su granja y debe pagar un alto precio por la eliminación de los residuos de la carne. Evidentemente, esta práctica no va a recibir ningún apoyo: ni del veterinario, ni de la industria farmacéutica y menos aún de la industria de los piensos; ¡porque supondría una inmensa pérdida de ingresos, especialmente en el sector de los gravosos piensos dietéticos!

Después de treinta años de experiencia y de haber recorrido los tristes senderos por los que debe deambular un veterinario (yo también vendía piensos dietéticos y estaba convencida del sentido y la necesidad de los mismos), he llegado a la sencilla conclusión de que lo mejor para nuestros perros y gatos es la alimentación cruda adecuada para su especie. Los resultados obtenidos con mis pacientes avalan esta teoría. Desgraciadamente, aún no se han realizado experimentos para comparar la alimentación a base de pienso con la alimentación natural. Solo disponemos de estudios que contrastan los diversos tipos de piensos entre sí, ya que las empresas que financian estos estudios no están interesadas en obtener resultados en contra de sus propios intereses económicos. ¿Por qué habrían de costearlos entonces? Algo muy parecido, o igual, ocurre en la medicina humana. En el mejor de los casos, se realizan experimentos para comparar medicamentos de diversos laboratorios farmacéuticos. En general, aquellas sustancias – habitualmente más simples, más sanas y más baratas – que no se pueden patentar, nunca gozan del privilegio de ser sometidas a pruebas de experimentación.

¡He visto tantos perros que, con un simple cambio de alimentación, han experimentado una notable mejoría en el pelaje y han recuperado su vitalidad y su olor natural! Especialmente en razas de pelo largo, los trastornos metabólicos se hacen visibles rápidamente en la piel y en el pelo. Los perros alimentados simplemente con carne cruda tienen otro aspecto y huelen diferente. Cualquier persona medianamente observadora se percataría de estas diferencias. Por desgracia, como son muy pocos los perros alimentados de manera natural, no llama la atención el hecho de que casi todos nuestros canes tengan el pelaje desgreñado y sin brillo. Si usted se encuentra un día con alguien cuyo perro tenga el pelo mate y un olor algo desagradable, pregúntele cómo lo alimenta. Siempre recibirá la misma respuesta: ¡pienso! No lo dude, ¡atrévase a preguntar!

Recuerdo muy bien la época (los años setenta) en la que aparecieron en el mercado los piensos *Chappi* o *Pedigree-Pal*. Por aquellos tiempos, las primeras latas de conservas para perros se hicieron famosas. Lamentablemente, sus efectos eran visibles. Los perros que las comían tenían un olor pésimo, aspecto sucio y dejaban en las calles unas heces rojizas inmensas. La misma cantidad que engullían por delante salía, casi íntegra, por detrás. Estas marcas de comida de lata son, más o menos, el producto de peor calidad que ha habido y hay en el mercado. Es evidente que solo algunos ejemplares de perros muy resistentes toleran esa bazofia sin acabar enfermando. Admito que, posteriormente, han salido productos al mercado que, en cuanto a la composición, tienen mejor calidad pero, a pesar de todo, son y seguirán siendo meros productos procesados, con todas las desventajas que ello implica.

A continuación, les muestro un extracto de un gran fórum alemán de perros en internet en el que algunos propietarios, desesperados, piden consejo y ayuda a un equipo veterinario para sus perros alérgicos:

✓ ***El caso de Susi, una West-Highland-terrier blanca de 5 años de edad, hembra, esterilizada:***

Llevamos 2 años tratando sin éxito a nuestro West-Highland-terrier blanco de una alergia. Después de intentar en vano curarla con varias terapias (piensos dietéticos, autovacunas de sangre, baños medicinales casi diarios, antibióticos etc.), el propio veterinario ha reconocido que no dispone de más alternativas. Estos son los síntomas que presenta Susi: pústulas exudativas y en parte purulentas por todo el cuerpo, costras oscuras extensas, piel muy enrojecida. Sin cortisona, nuestra perra no podría vivir.

El equipo veterinario responde:

Desgraciadamente, no podemos deducir de su pregunta cómo se realizó el diagnóstico de la alergia y qué inspecciones o análisis se han hecho hasta ahora. Las alergias a los alimentos solo se pueden clarificar mediante una dieta de eliminación consecuente y exclusiva durante un mínimo de seis semanas. Para saber si existe un alérgeno respiratorio que esté produciendo la reacción alérgica en el marco de la llamada Atopia (alergia sin causa reconocible), se puede hacer un test de sangre o, mejor aún, un test en la piel (intracutáneo). Si se averigua cuál es el alérgeno que desencadena la alergia, existe la posibilidad de realizar un tratamiento llamado hiposensibilización, especialmente cuando el contacto con el alérgeno (por ejemplo, ácaros del polvo de la casa) no se puede evitar. Esta terapia consiste en ir inyectando el alérgeno correspondiente debajo de la piel del animal en dosis cada vez mayores, hasta conseguir que el organismo se acostumbre a él. En los Westis, sobre la piel previamente dañada prolifera frecuentemente por añadidura una especie de levadura (malassezia) que produce un empeoramiento de la sintomatología y requiere otra terapia especial. El análisis microscópico de una biopsia de la piel puede aportar más información sobre el origen de la enfermedad. Si no se consigue formular un diagnóstico específico, tampoco será posible realizar una terapia adecuada, quedando únicamente la posibilidad de hacer un tratamiento sintomático.

✓ ***El caso del pastor alemán Wotan, macho de cuatro meses de edad; alergia a los ácaros del polvo y a los ácaros de los piensos. Alimentación: Royal Canin Junior para pastores alemanos. Medicación: cortisona.***

Hola, nuestro cachorro tiene alergia a los ácaros del polvo y a los ácaros del pienso, probada mediante un test sanguíneo. Le damos pastillas de cortisona contra los picores, ¡algo muy perjudicial para un cachorro! Desgraciadamente, no hemos encontrado ninguna otra alternativa hasta ahora. Reblandecemos el pienso seco en agua y le damos una vez al día aceite de cardo. Por lo demás, es un cachorrito muy despierto. ¿Podríamos darle algún otro producto para quitarle estos picores?

La respuesta del equipo veterinario no difiere esencialmente de la ofrecida en el caso anterior, salvo en la recomendación de pasar la aspiradora frecuentemente con filtros especiales, hacer una terapia de hiposensibilización y llevar al perro a un especialista de la piel.

✓ ***Toby, un Golden Retriever, macho, 7 años, castrado. Enfermedades previas: problemas de próstata. Alimentación: Bosch Active.***

A nuestro perro le entran unos picores horribles inmediatamente después de comer: se revuelca en su manta y se rasca las patas y la mandíbula. Es un perro activo y sale a pasear suelto entre tres y cuatro horas al día.

El equipo veterinario aconseja "probar" diversos "piensos hipoalergénicos recomendables (todos secos)".

✓ ***Un perro mestizo, "Mister Spock", macho, 6 años. Alimentación: pienso hipo-alergénico de Royal Canin.***

Spocky lleva ya medio año de tratamiento casi semanal. Test de alergia positivo a la carne de vacuno, cordero, pollo, pavo, soja, cebada, arroz, maíz, leche de vaca (todas ellas en grado 5 de intensidad). Picor muy fuerte, pústulas secas por todo el cuerpo, manchas rojas del tamaño de una moneda de 2 euros dispersas en el interior de los muslos y en la tripa, descamaciones intensas, caída del pelo, mal olor, el perro está muy intranquilo, ya se rascaba excesivamente y se revolcaba de espalda en la alfombra cuando era un cachorro… Nada más recibir el resultado del test de alergia hemos cambiado la marca del pienso utilizada por otra que me ha recomendado la veterinaria. No come ningún otro alimento. Llevamos tres meses siguiendo este plan, sin obtener el menor resultado. A Spocky lo bañamos solo con champú especial. También nos han recetado la dosis correspondiente de pastillas de Atópica, pero hemos tenido que dejar de dárselas, después de hablar con el veterinario, porque se ha puesto peor que nunca. Ahora le estamos dando otra vez *Cefazid* 600 mg (anteriormente habíamos tenido buenos resultados con él). Hemos vuelto a realizar un test sanguíneo de alergia a gramíneas, pero no ha sido confirmado. El veterinario dice que la única opción que nos queda, antes de recurrir a la cortisona, es la autovacuna de sangre. El tratamiento con cortisona ¿ayuda siempre? ¿Qué efectos secundarios puede tener? Puesto que el perro no mejora con el pienso hipo-alergénico, nos han aconsejado probar la marca *Nova Foods* (pescado-patata). ¿O sería mejor que yo mismo preparase la comida en casa? ¿Qué puedo hacer para ayudar a Spocky? Hasta ahora no he escatimado esfuerzo ni dinero con él, pero no he obtenido absolutamente ningún resultado: ¡es desesperante!

La respuesta del equipo veterinario:
¡Por supuesto, puedes empezar cocinando tú mismo; en la dieta hipo-alergénica clásica se utiliza carne de caballo y patatas! Después de unos días deberías notar una mejoría. Pero si no te apetece estar siempre cocinando para el perro, más adelante– o incluso desde el principio – podrías darle el pienso de *Nova Foods*, por ejemplo…

MI COMENTARIO SOBRE ESTE CONSEJO: ¿qué es esto? Primero le recomiendan que prepare la comida en casa, lo cual es correcto, para añadir a continuación, casi en la misma frase, que compre pienso industrial: ¡la falta de recursos de este equipo veterinario es manifiesta! Según parece, este colega no es consciente de que un consejo como este es sencillamente absurdo. Cuando un perro es alérgico a los alimentos industriales, ¡no podemos solo cambiar de marca de pienso! Obrando de este modo, la cortisona será, sin duda, la única alternativa. En nuestro caso, a Spocky se le han administrado medicamentos supresores del sistema inmune (Atópica se utiliza en trasplantes de órganos para evitar el rechazo) y además antibióticos (*Cefazid*). Es lógico que el sistema inmune de Spocky, irritado ya desde hace años, haya colapsado al fin por completo.

No puedo entender, sin embargo, el hecho de que algunos veterinarios recomienden primero preparar la comida en casa – lo cual delata la poca fe que tienen en los múltiples piensos dietéticos hipoalergénicos existentes – y después, una vez que el animal se ha curado, aconsejen volver a consumir los "prestigiosos" piensos secos. Por cierto, ellos justifican su consejo inicial de preparar la comida en casa con el lógico argumento de poder utilizar una única fuente de proteínas y así descubrir cuál es el ingrediente que, al ser incorporado en la dieta, provoca la alergia. Hasta aquí, estamos de acuerdo. No obstante, estos señores olvidan que la alergia a la carne de vacuno, por ejemplo, está provocada precisamente por la carne procesada, pero no por la carne fresca natural. Cuando se vuelve al consumo del pienso industrial, que contiene carne de vacuno procesada, empiezan de nuevo las desgracias. Además, actuando así tampoco podremos saber si la alergia está provocada por alguno de los numerosos aditivos que se añaden a los piensos industriales.

Pero volvamos a nuestro amigo Paule. ¿Cómo termina su historia? Seguramente, siempre será un perro más sensible que los demás. Mientras un perro sano es capaz de tolerar de vez en cuando una ración de pienso, por ejemplo, cuando sus dueños están de vacaciones o no tienen carne fresca, Paule experimenta una reacción inmediata. Silvia lo sabe y se cuida mucho de que no coma ningún alimento industrial, como una salchicha, por ejemplo. Desde que cumple esta norma rigurosamente, Paule se encuentra en perfecto estado de salud.

Ante este tipo de cuadros patológicos complejos, los veterinarios deberíamos hacer tratamientos integrales, proporcionar información precisa a los dueños y evitar recurrir a productos químicos cada vez que aparezca un nuevo síntoma. Y desde luego, no cabe duda de que la solución no consiste en encontrar continuamente nuevos medicamentos y piensos extravagantes.

MI MÁS ENCARECIDO CONSEJO: ¡MANTÉNGASE ALEJADO DE LOS PIENSOS DIETÉTICOS!

Este es el informe de la señora P. sobre el historial veterinario de su perra pastora Luna:

> Hace tres años y medio, Luna, una cachorrita de perro pastor, llegó a nuestra casa. Creció y se convirtió en una perra muy activa y en un miembro adorable de nuestra familia. A la edad de 2 años y medio, vimos que tenía un área exudativa inflamada en la pata trasera. Mi veterinario de entonces pensó que se trataba de una alergia. Me aconsejó que le comprara un cojín de otro material y que le untase una pomada en la zona afectada, pero no se produjo ninguna mejoría. Muy al contrario, Luna empezó a rascarse constantemente el abdomen y a perder pelo. Descubrí que lo tenía completamente calvo y la piel estaba ennegrecida. Aparecieron nuevas áreas inflamadas en el lado interno de las patas delanteras y traseras. El veterinario me comunicó que era una alergia excepcionalmente intensa.
>
> Cuando pregunté por las causas posibles de la enfermedad, me respondió que podían ser de muy diversa índole. Añadió que la alergia nos iba a dar problemas continuamente y que lo único que podría ayudarnos sería un tratamiento con cortisona. Así pues, inyectó a Luna una dosis de cortisona y me dio una caja de pastillas para continuar el tratamiento en casa. Las inflamaciones desaparecieron y la piel del vientre también mejoró. Debido a la cortisona, Luna estaba siempre hambrienta y bebía mucho. Engordó notablemente.
>
> Aproximadamente cuatro semanas más tarde reaparecieron los picores intensos y descubrí dos zonas muy inflamadas en el cuerpo. Su pelaje se volvió desgreñado y la piel casposa. El veterinario me comentó que ahora mi perra tenía, además, una infección bacteriana, lo cual suele ocurrir en animales alérgicos porque la piel dañada es más vulnerable. Sin embargo, no me explicó que la cortisona misma provoca la fragilidad y vulnerabilidad de la piel. Me dio un antibiótico fuerte para Luna y me recomendó que siguiera tomando las pastillas de cortisona. Volví a preguntarle si no habría otra solución, pero no re-

cibí una respuesta convincente. Durante los días siguientes, el estado de Luna no mejoró mucho. Tenía la piel seca, se rascaba sin parar y perdía muchísimo pelo. Pensé que esto no podía seguir así, porque con estos medicamentos mi perra estaba cada día más enferma. Llamé por teléfono a la criadora de Luna, que me aconsejó acudir a la consulta de la Dra. Ziegler. Ese mismo día hablé por teléfono con la doctora y le expuse nuestro caso. Ella me preguntó qué comía el perro, a lo cual respondí que siempre lo mismo: solo pienso. La Dra. Ziegler me explicó que la alimentación era la causa principal de más del 80% de todas las alergias; que muchos perros tenían reacciones alérgicas a los piensos ordinarios y que, por tanto, primero habría que sanear su intestino y después habría que cambiar su alimentación.
Durante tres días, Luna solo comió yogurt con Lactobacilos activos. Después acudí a la consulta de la Dra. Ziegler, que me comentó que la sequedad de la piel era parcialmente debida a la cortisona. Añadió que deberíamos acostumbrar a Luna a comer alimentos crudos, lo cual me sorprendió mucho, ya que a menudo se oyen rumores de que la carne cruda fomenta la agresividad en los perros. No obstante, la Dra. Ziegler, una mujer competente y apasionada, me convenció de ello y diseñó un plan de alimentación para la perra: verdura rayada o triturada o hecha al vapor, carne cruda, tripas, huesos, yogurt. Busqué una carnicería cercana en la que me pudieran proporcionar restos de carne, tripas, asaduras y huesos y comencé inmediatamente a alimentar a Luna según este plan.
Por las mañanas, le preparaba un cuenco de yogurt, al que añadía un poco de barro curativo, hierbas desecadas, puré de escaramujo y dos cucharadas de aceite de pescado. Después comía carne o menudillos con verdura triturada en la batidora. Por la noche le daba un hueso carnoso, tripas o cuellos.
Luna se adaptó a esta alimentación de inmediato: roía los huesos, engullía las tripas, los cuellos y los órganos completos que se le ofrecían. En solo catorce días, mejoraron mucho los picores y más adelante su pelaje adquirió otro aspecto y empezó a

crecer pelo en las áreas calvas de la tripa. Yo me alegraba inmensamente de la mejoría que experimentaba mi perra y disfrutaba, además, comprando la carne adecuada para ella y viendo con qué ahínco y entusiasmo roía unos huesos enormes.

Aproximadamente cinco semanas después, Luna tuvo una recaída: se rascaba constantemente y se le inflamaron ciertas zonas y, de nuevo, empezó a perder pelo. La Dra. Ziegler me explicó que estas recidivas son bastante comunes. Me indicó que deberíamos realizar una dieta de eliminación, lo cual significa: cada seis semanas se alimenta al perro con un único tipo de carne, para así poder comprobar qué carnes tolera y cuáles no. Durante las primeras seis semanas comenzamos dándole ternera exclusivamente, las siguientes seis semanas, solo pollo. Los picores fueron desapareciendo y el pelaje mejoró de nuevo. Cuando empecé con la carne de cerdo observé que, a los dos días, empezó a sufrir picores intensos. Retiré la carne de cerdo inmediatamente, dejé que Luna ayunara durante tres días, tomando solo yogurt, y luego volví a empezar con el pollo. Actualmente le doy carne de oveja, que le gusta mucho y le sienta muy bien.

Ha pasado medio año, Luna ya tiene pelo en la tripa, ha desaparecido la piel ennegrecida y las áreas inflamadas y, sobre todo, no se rasca nada. Hace perfectamente la digestión (antes padecía diarreas frecuentes) y el pelo le brilla como la manteca de cerdo. Naturalmente, también ha recuperado su silueta deportiva. Gracias a la alimentación con carne cruda, grasas, fruta y verdura, tengo otra vez un perro sano, equilibrado y ágil. Y todo ello, sin darle un solo medicamento.

Con este informe deseo mostrar mi más profundo agradecimiento a la Dra. Ziegler por la maravillosa atención prestada a Luna y a mí, especialmente en lo que respecta a mi inseguridad inicial con la nueva alimentación.

PIENSO PARA PERROS A PARTIR DE 70 KG
DIETA ESPECIAL PARA PERROS MARRONES
ARTNATURAL 2011

Capítulo 3

La historia interminable del pastor alemán Pomuc y sus articulaciones ruinosas

Las dramáticas consecuencias de la selección excesiva y de una alimentación inadecuada

Pomuc, un cachorro de pastor alemán simpático y vivaz, ya tiene unos meses de edad cuando la familia P. decide acudir al criadero para comprarse un perro. Antes de adquirirlo, el señor P. se había informado bien para elegir un criador de prestigio: en estos temas se requiere cierta prudencia, ya que a menudo se lee o se oye hablar de negociantes corruptos. Como Pomuc es un perro de raza grande, desde el primer día lo alimentan - ¡cómo no! – a base de pienso seco. "Así no habrá problemas", dice la criadora a la familia, "¡Es lo que comen todos nuestros perros de cría desde hace años!".

La familia P. ha tenido en cuenta que ninguno de los progenitores de Pomuc padezca DC (Displasia de cadera, una temida deformación de cadera que presentan especialmente algunos ejemplares de razas corpulentas). Quieren tener un perro sano, que no sufra problemas de articulaciones desde joven – y, si es posible, tampoco de mayor.

Así comienza la vida canina de nuestro pequeño amigo, provisto de un gran saco de pienso para cachorros de razas grandes. Durante sus primeros meses de vida, Pomuc está espléndido. Come exclusivamente el pienso recomendado por la criadora que, por suerte, también vende su veterinario. La familia P. respeta rigurosamente la recomendación de no someter al cachorro a esfuerzos excesivos durante su primer año de vida, cogiéndolo incluso en brazos cuando suben o bajan escaleras. Además, le ponen todas las vacunas aconsejadas y le someten a las desparasitaciones internas y externas correspondientes. Pomuc es un cachorro fuerte y regordete, la delicia de toda la familia pues "es tan tierno y blandito que dan ganas de comérselo".

A los nueve meses de edad, Pomuc empieza a cojear; unas veces de la pata delantera derecha, otras de la izquierda. La familia P. lo lleva al veterinario que, desgraciadamente, les sorprende con un triste diagnóstico: ¡osteocondrosis dissecans (OCD) en los dos hombros! La OCD es una patología de la articulación del hombro que se produce durante el crecimiento y cuya consecuencia es la formación de un cartílago quebradizo. Esta enfermedad se diagnostica mediante una radiografía que permite visualizar la degeneración del mismo.

¿Qué se puede hacer? El veterinario, que también es un cirujano conocido (y a los cirujanos les gusta operar), aconseja una operación inmediata: puede incluso operar los dos hombros de una vez. La familia P. no vacila, está dispuesta a hacer lo que sea necesario por el bien de Pomuc. Cuando el veterinario añade que, de no actuar con prontitud, se arriesgan a que el problema degenere en una artrosis grave, la decisión es inmediata.

Pomuc es operado de los dos hombros. Él y sus dueños soportan con paciencia las torturas del postoperatorio. El perro, joven, se recupera muy bien y, después de algunas semanas, puede apoyar de nuevo todo su peso sobre las dos patas operadas. Su alimentación no ha variado en absoluto porque el veterinario insiste en que esta enfermedad no tiene nada que ver con la alimentación, ya que es hereditaria y, en la actualidad, cada día más frecuente.

La familia P., naturalmente, confía en lo que dice su veterinario y continúa comprando el mismo pienso seco de siempre. Ni el veterinario ni la criadora se cuestionan en absoluto que esa pueda ser, precisamente, la causa de la enfermedad de Pomuc. La criadora considera lo ocurrido como una fatalidad del destino y rechaza toda responsabilidad. Después de todo, ninguno de los dos progenitores padece displasia, ni de codo ni de cadera. Entre tanto, Pomuc ha ido adquiriendo paulatinamente una manera de andar muy particular: a cada paso, gira los hombros hacia fuera y su parte trasera se tambalea de un lado a otro. Nadie sospecha, sin embargo, que esto sea un síntoma de que algo va mal. Muy al contrario, el modo de contonearse al andar les parece una particularidad graciosa del perro.

Cuando cumple un año, le hacen una radiografía de cadera, práctica bastante habitual en pastores alemanes y otros perros de razas grandes, para controlar si tiene DC (displasia de cadera). Desgraciadamente, se confirma que tiene una ligera displasia, aunque el veterinario no le concede excesiva importancia, ya que los perros pastores pueden vivir mucho tiempo a pesar de padecerla. No les aconseja operar, aunque sí les anuncia que Pomuc, debido a este defecto, ya no es un ejemplar apto para la cría. Como ha sido necesario ponerle anestesia total para hacerle la radiografía, el veterinario ha propuesto, de paso, castrarlo: "así se matan dos pájaros de un tiro y, además, eliminamos el riesgo de que padezca cáncer de testículos y enfermedades de próstata". Por este simple razonamiento, Pomuc es esterilizado, lo cual conlleva que, con tan solo un año y medio de edad, deba empezar a comer piensos *light* (por consejo veterinario), dada su natural tendencia a engordar desde cachorro y porque los animales castrados son más propensos a aumentar de peso.

A pesar de comer suficiente cantidad, Pomuc está siempre hambriento; el pienso *light*, que casualmente también vende el veterinario, no le sacia. Algunos meses después, cuando el perro va a cumplir 2 años, ocurre una desgracia: mientras están dando un paseo, Pomuc lanza un repentino aullido de dolor, encoge una pata trasera y no la vuelve a apoyar más. A duras penas, el señor P. y su hijo arrastran al perro hasta su casa y lo llevan inmediatamente al veterinario. Diagnóstico: se le ha rasgado un ligamento cruzado de la rodilla. La única terapia posible es la operación inmediata. "Las desgracias nunca llegan solas", piensa el cabeza de familia. "Si es imprescindible, habrá que operarlo de nuevo".

En esta ocasión, el postoperatorio es bastante más penoso que la primera vez. Con sus casi 40 kilos – a pesar del pienso *light* – el animal tiene dificultades para caminar a tres patas. A pesar de vivirlo con angustia, la familia supera la experiencia: después de varias semanas, Pomuc puede caminar otra vez, aunque, curiosamente, su particular estilo de contonearse se ha exacerbado más. Continúa comiendo el pienso *light* recomendado por el veterinario y, además, toma un suplemento de extracto de mejillón verde para favorecer la reconstrucción del cartílago articular. Cuando se niega rotundamente a andar, se le administran analgésicos que, aunque dañan el estómago, al menos alivian el dolor.

Meses después, Pomuc casi se ha restablecido. Entretanto, ya tiene 2 años y medio, pesa demasiado (45 kilos) y parece mucho más viejo de lo que realmente es. A pesar de sus graves enfermedades, tiene un carácter excepcionalmente dulce, es bonachón y sus dueños lo adoran.

En una excursión al campo sobreviene el siguiente problema: de nuevo un aullido y Pomuc encoge la otra pata trasera, la que no está operada. Y de nuevo comienza el "calvario": llegar hasta el coche con el perro andando a tres patas, correr al veterinario y volver a oír su diagnóstico fatal: rotura de ligamento cruzado, esta vez del otro lado. El señor P. no augura nada bueno: volver a operar a Pomuc y sufrir una vez más las torturas del postoperatorio, cojeando hasta que cicatricen las heridas. Pero eso no es todo: a lo largo de su corta vida, Pomuc ha generado unos gastos inmensos a sus "pacientes" dueños. El padre de familia, desesperado, ha calculado que con lo que se ha gastado en el perro habría pagado la mitad del precio de un coche. Naturalmente, no se atreve a decir esto en casa, porque sabe cuánto quieren todos al perro y no quiere parecer un tacaño que no ayuda a Pomuc por apego al "vil dinero". Por eso, una vez más, mete la mano en el bolsillo para que le operen por tercera vez. "Pero es la última vez", piensa para sus adentros. Desgraciadamente, el señor P. está equivocado, ya que este no va a ser el final de la historia clínica de su perro. Pomuc toma regularmente suplementos para la reconstrucción del hueso y del cartílago y analgésicos de agradable sabor que le gustan mucho. Entretanto, ya ha consumido cantidades ingentes de los mismos y necesita tomarlos continuamente para poder andar de un modo medianamente normal.

Historiales clínicos como éste o parecidos no son ninguna rareza en las consultas actuales; a los veterinarios les interesan porque son un grupo numeroso de pacientes que suponen una fuente de ingresos considerable: por un lado, mediante la venta de piensos, sobre todo de los cuestionables piensos dietéticos, normalmente para el resto de la vida del animal; por otro lado, por las intervenciones quirúrgicas que requieren las articulaciones defectuosas generadas por esta alimentación. Una vez que el perro ha entrado en esta espiral, irá pasando, junto con sus dueños, de una crisis a la siguiente. Pero ni a los veterinarios, ni (menos aún) a la industria de piensos, les interesa saber por qué aumenta el número de enfermedades articulares constantemente y cuál es su causa, con el fin de intentar prevenirlas.

Pomuc es un ejemplo de libro de la posible evolución de estos problemas articulares que, en realidad, son enfermedades de auténtica "fabricación casera". Comencemos por el principio: las patologías articulares, como la displasia de cadera, de codo y OCD son trastornos originados durante la fase de crecimiento de las articulaciones de mayor tamaño; su causa es, según las asociaciones de criadores y los veterinarios, principalmente genética. Es verdad que las razas grandes, como los perros pastores, rottweiler, boyeros de Berna, dogos etc., son más propensas a sufrir estas enfermedades, debido a su corpulencia. Pero ¿cómo se explica que la selección realizada por los criadores desde hace décadas no haya generado resultados positivos? La Asociación Alemana del perro pastor alemán es una de las instituciones que impuso la obligatoriedad de hacer un examen de DC a todos los ejemplares destinados a la cría. ¡Y esta misma asociación ha sido también la primera en recomendar la alimentación con piensos industriales! ¿El resultado? A pesar de una selección tan rigurosa a la hora de escoger los ejemplares aptos para la cría, ¡la incidencia actual de problemas articulares en perros es significativamente mayor que hace treinta o cuarenta años (y en primer lugar se encuentra la temida displasia de cadera)!

También es significativo que el número de animales enfermos en países donde no se descalifica a los ejemplares que padecen DC como no aptos para la cría (por ejemplo, en Inglaterra y en USA), sea equivalente al de países donde se lleva a cabo una rigurosa selección al respecto, como ocurre en Alemania y Austria. Hay pocos países donde la verificación de una DC suponga la exclusión obligatoria como ejemplar de cría: entre ellos se encuentran Alemania, Austria, Suiza, Suecia y Holanda. En Inglaterra, Francia y también en USA predomina una visión más crítica al respecto y el origen genético de la DC sigue siendo un tema polémico. En cualquier caso, según la opinión de expertos de estos países, los factores responsables de la aparición de esta enfermedad no son únicamente hereditarios. Si consideramos la multiplicidad y diversidad de tipos de displasias de cadera, sería lógico suponer que las causas de esta enfermedad sean de otra índole.

Hace poco, por cierto, se ha aislado un gen al que se atribuye ser el causante de la DC. Por supuesto, es posible que este gen haya sido localizado, pero esto solo podría dar cuenta de una de las variantes de displasia de cadera, pues las diversas patologías articulares y de cartílagos agrupadas bajo la denominación "DC" no pueden estar causadas por un único gen.

Ante una hipótesis como esta, se podría realizar una cría selectiva que evitase el paso de este gen a los descendientes y evaluar después los resultados obtenidos. Desgraciadamente, las cosas no son tan simples, ya que no sabemos a qué otras características va asociado el gen recién descubierto: podría suceder que aparecieran menos casos de DC, pero que la raza seleccionada perdiese alguna característica importante y nacieran ejemplares, por ejemplo, calvos o con rabo corto. Por desgracia, tampoco se han establecido normas que regulen las "barbaridades y abusos" cometidos en la cría de animales: por ejemplo, la selección practicada hasta ahora en la cría del pastor alemán ha provocado que su modo de andar se parezca más al de una rana que al de un perro; no es difícil imaginar que los graves daños de columna y cadera que sufren los pastores alemanes puedan estar asociados con una postura tan poco fisiológica como la que tienen los ejemplares de esta raza en la actualidad.

La imposición de realizar un examen para la detección de la displasia de codo y OCD en ejemplares destinados a la cría es algo relativamente reciente. La cuestión clave es, sin embargo, por qué aumenta el número de animales enfermos, en lugar de disminuir, si actualmente los perros son alimentados con piensos aptos para cubrir todas sus necesidades. Aquí nos encontramos de nuevo con la famosa afirmación: contienen todo lo que necesita el perro. Si esta aseveración fuera cierta, ¿cómo se explicaría que, en lugar de haber menos perros con patologías articulares, haya cada día más?

Además, ¿por qué ha disminuido la esperanza de vida en perros de razas grandes (actualmente entre 8 y 10 años)? Hace cincuenta años, por ejemplo, ¿no vivían los pastores alemanes 13 o 14 años? Aún recuerdo bien que, cuando era niña, algunos ejemplares muy viejos no requerían terapias continuas (analgésicos) ni operaciones complicadas. Toda persona que piense con lógica y esté dispuesta a "ver más allá de sus propias narices", debería reflexionar sobre esta cuestión: ¿cómo es posible que la alternativa que nos proponen los "expertos" nos conduzca en una dirección manifiestamente errónea? ¿Y cómo es posible que tantos dueños de animales afectados no protesten enérgicamente?

Hoy día se comercializan líneas de piensos especiales para perros obesos, para enfermos de articulaciones, enfermos de hígado y riñón, para estómagos e intestinos sensibles, para alérgicos y para muchas más enfermedades. Incluso se puede comprar un pienso apropiado para cada raza: pienso para dackel, perro pachón, westi o chihuahua. También hay fórmulas especiales para perros castrados y no castrados, "adaptadas a las necesidades individuales". No me sorprendería que lanzaran un pienso para machos que levantan la pata derecha para orinar y otro para los que levantan la izquierda.

¿Imagina usted llegar a un supermercado y encontrar productos con las siguientes recomendaciones: "para personas menores de 50 años", "para personas de estatura superior a 1,70 m" o incluso "alimento para rubios", "solo para escandinavos de piel clara" o "solo para africanos de piel oscura"? La fantasía no tiene límites. Seguramente le parecería una estafa, pero en la industria de piensos es el "no va más".

Estos "alimentos especiales", diseñados para diversas razas que, supuestamente, tienen "necesidades especiales", son una mera invención de la industria de piensos y constituyen en sí mismos una prueba obvia de que, en realidad, ninguno de ellos es apropiado. Pomuc, por ejemplo, ha tomado pienso especial para "perros de razas grandes" desde que era un cachorro. El contenido de proteínas y grasa, el equilibrio de minerales tan importantes como el calcio y el fósforo, el contenido en vitamina A y otros factores fundamentales para el crecimiento, deberían haber sido los óptimos para razas grandes…

Comencemos con el tema del calcio y el fósforo

Las cantidades necesarias recomendadas por la literatura al uso presentan diferencias que no se pueden calificar precisamente de "insignificantes". En 1997, el Prof. Ellen Kienzle (Universidad de Munich) ya reconoció en su libro "*Dietética Clínica para perros y gatos*" de Waltham lo siguiente:

> La situación es aún más compleja debido a la publicación de diferentes tablas de necesidades. Las discrepancias entre las diversas fuentes se deben, en gran parte, a las dispares estimaciones referentes a la biodisponibilidad de los compuestos de calcio o de fósforo. Dado que el contenido de calcio y fósforo en piensos de distintas marcas para razas grandes varía considerablemente (desde valores de 1,0 de calcio y 0,9 de fósforo, hasta 0,6 de calcio y 0,68 de fósforo), sería una cuestión de suerte que la cantidad de calcio y fósforo y la relación entre ellos fueran las adecuadas para las necesidades de un perro en fase de crecimiento.

Existe un "amplio" abanico de ofertas en preparados de calcio y fósforo en el mercado, que abarca desde sales orgánicas de calcio de buena absorción intestinal en diversas concentraciones, hasta sales inorgánicas, cuya biodisponibilidad (es decir, en qué grado pueden ser utilizadas por el organismo) varía entre el 20% y el 70%. ¿Cómo es posible que el producto artificial que denominamos "pienso" garantice un aporte equilibrado de calcio y fósforo adecuado para esta especie, si la información existente sobre las necesidades diarias es tan dispar y la biodisponibilidad de los compuestos añadidos en los mismos es tan variable?

Pasemos directamente al tema de la vitamina D: esta vitamina regula el metabolismo del calcio y del fósforo y es responsable de la reabsorción de los mismos en el intestino (el término reabsorción designa el proceso por el cual las sustancias que ingresan en el cuerpo son absorbidas o captadas por las células y tejidos vivos). El Consejo Nacional de Investigación (National Research Council), por ejemplo, recomienda la adición de 404 Unidades Internacionales de vitamina D por kg de pienso; Meyer y Zentek sin embargo, recomiendan de 350 a 1000 UI por kg de pienso; en piensos para razas grandes nos encontramos con cantidades de hasta 1500 UI por kg/pienso. En este último caso, seguramente, están jugando con un margen de seguridad más amplio. Sin embargo, un exceso de vitamina D genera hipercalcemia (exceso de calcio en sangre) y el organismo reacciona a la hipercalcemia aumentando la secreción de calcitonina. Esta hormona, a su vez, impide la destrucción y reconstrucción fisiológica normal de la sustancia ósea, con lo cual la capacidad del esqueleto de reaccionar a las demandas cambiantes propias del crecimiento, se ve gravemente afectada. Consecuencia de ello son graves deformaciones articulares; esta podría haber sido la causa del desarrollo de la OCD y la DC en el caso de Pomuc.

Por si no fuera suficiente: un exceso de vitamina A en el pienso (los valores aceptados fluctúan entre 9500 UI y 15000 UI / kg de pienso), puede provocar asimismo una alteración en la formación del cartílago articular y de los huesos. También puede generar trastornos en el desarrollo de los vasos sanguíneos y provocar, consecuentemente, que el riego sanguíneo de huesos y articulaciones sea deficiente.

Casi todas las tablas de necesidades de minerales y vitaminas para perros se obtienen a partir de índices elaborados para la alimentación de animales de engorde (cerdos y terneros) y orientados a conseguir principalmente un crecimiento rápido durante la corta vida de estos animales. Un perro, muy al contrario, no debe ser cebado durante medio año para después servir de alimento, sino más bien debe disfrutar de sus articulaciones sanas durante muchos años…

Volvamos de nuevo a nuestro macho de pastor alemán, Pomuc. Ya desde cachorro evidenció su capacidad de obtener un alto rendimiento del alimento que ingería, así como un apetito voraz y cierta tendencia a engordar. Actualmente ya no se debate que un aporte energético excesivo en la dieta provoque aceleración del crecimiento y peso excesivo, con la consecuente sobrecarga del esqueleto cartilaginoso. Este hecho, junto con el exceso de vitaminas sintéticas (vitamina A) y minerales (calcio y fósforo) constituye un factor decisivo en la aparición de osteocondrosis y displasia de cadera.

El hecho de que otrora, concretamente antes de la aparición de los piensos, los cachorros pudieran saciarse a comer sin desarrollar problemas óseos demuestra hasta qué punto los piensos son precisamente los causantes de tales enfermedades. Con una alimentación "natural", y con este término me refiero a un alimento que no ha sido procesado en una industria, no puede haber sobredosis de minerales y vitaminas. La obesidad tampoco representa un problema. Más adelante, volveré a tratar este tema.

En el caso de Pomuc, el factor determinante de su enfermedad fue, con toda seguridad, el aporte energético excesivo en el pienso ingerido cuando era un cachorro. No podemos comprobar hasta qué punto el contenido inapropiado de calcio y fósforo en el pienso, así como el exceso de vitaminas, también pudieron ser factores causales. En cualquier caso, el veterinario responsable debería haber observado el lamentable estado nutricional del cachorro y haber advertido a sus dueños del problema. El pobre Pomuc se hubiese ahorrado muchos sufrimientos mediante una reducción consecuente de calorías realizada a su debido tiempo. La dieta de adelgazamiento de Pomuc llegó demasiado tarde y el pienso industrial *light* recomendado era lo menos adecuado para conseguirlo.

Mientras los veterinarios sigan obteniendo beneficios de la venta de piensos, nunca van a considerar que estos puedan ser la causa de ninguna enfermedad. ¿Quién tiraría piedras sobre su propio tejado? Lo que no tengo claro aún es cuántos veterinarios intuyen realmente este vínculo, pero prefieren esconder la cabeza debajo el ala, siguiendo la máxima: "si todos lo hacen, no será tan malo".

Me quedé muy impresionada una vez cuando asistí a una charla sobre el origen de la displasia de codo, OCD y DC, impartida en septiembre del año 2008 en Salzburgo por un conocido especialista en DC de Suiza, en un simposio sobre animales caseros de la VÖK (VÖK = Asociación austríaca de veterinarios de animales pequeños). Más bien de pasada y "muy bajito", el ponente mencionó que la llamada "alimentación casera de los pobres" puede ayudar a muchos perros con problemas incipientes de huesos y articulaciones, evitando así terribles sufrimientos futuros. El ponente añadió que no se atrevía a decirlo muy fuerte porque "están presentes los representantes de algunas empresas de piensos". Éstos no solo estaban presentes, sino que, además, eran los principales sponsors del congreso. Es obvio que, en situaciones como ésta, toda crítica está fuera de lugar.

Entre los expertos, todavía se discute el posible componente hereditario de la displasia de cadera. Sin embargo, la mayoría de los veterinarios consideran el factor genético como única causa, ya que con esta argumentación se gana más dinero. Es un hecho que, tanto la DC como la displasia de codo y la OCD, pueden ser provocadas por la alimentación y que el número de animales enfermos está correlacionado con el tipo de alimentación. Para expresarlo con absoluta claridad, esto significa lo siguiente: se ha comprobado estadísticamente que el número de enfermedades óseas y articulares experimenta un aumento significativo en el caso de una alimentación a base de pienso industrial.

Pomuc reaccionó al aporte energético excesivo con un desarrollo anormal de los huesos y las articulaciones de los hombros (OCD) y de la cadera (DC). Aunque su DC no se detectó hasta que cumplió un año de edad, su manera de andar contoneándose y tambaleándose era ya, con bastante antelación, una señal evidente. Además, caminando de esta manera cargaba el peso en las articulaciones de las rodillas de un modo anormal, lo cual explica los sucesivos episodios acaecidos de rotura de ligamentos cruzados. A pesar de ser operado, no se advirtió la relación existente entre estas lesiones y la cadera defectuosa. Es decir, únicamente se puso una tapadera en una cacerola hirviendo.

La primera vez que el veterinario vio a Pomuc para vacunarlo, debería haber observado y corregido su nutrición: el procedimiento correcto habría sido recomendar alimentos frescos en lugar de pienso y evitar todos los productos de elevado contenido energético, en este caso, los hidratos de carbono de los cereales en especial. TODOS los piensos de fabricación industrial tienen un porcentaje excesivo de cereales (normalmente más del

50%, a menudo el 70% o el 80%). Como ya he mencionado, el cereal es más barato que la carne y aporta energía de rápida asimilación, lo cual puede tener efectos fatales, precisamente en fases de crecimiento. Un animal como el perro, que no requiere en su dieta prácticamente ningún aporte de cereal, engorda rápidamente al comerlo y, lógicamente, también crece a gran velocidad. Este hecho tiene consecuencias dramáticas sobre las articulaciones y sobre el aparato locomotor en conjunto. Sin embargo, los veterinarios ignoran este hecho, simplemente porque si lo reconocieran tendrían que renunciar a los ingresos por la venta de piensos, en favor de la salud de sus pacientes.

¡Esta negligencia profesional va en perjuicio de nuestros perros y gatos!

Multitud de propietarios de perros y gatos se creen el cuento de los "piensos industriales saludables" y se los dan a sus animales hasta que éstos enferman; entonces se ven obligados a adquirir el pienso dietético correspondiente, que va a generar la siguiente enfermedad. Por supuesto, ningún veterinario relaciona estas "enfermedades secuela" con su verdadera causa, la alimentación, lo cual parece increíble, ya que nosotros precisamente deberíamos saberlo mejor que nadie.

Igualmente inapropiados son los llamados piensos *light* que, en realidad, constituyen una auténtica estafa. Si leemos la composición de uno de los piensos *light* más conocidos y recomendados por los veterinarios, constataremos de inmediato su ínfima calidad. Especialmente las proteínas utilizadas, baratas y de escaso valor, son totalmente inadecuadas para tratar la obesidad. Justamente los perros obesos necesitan proteínas de alto valor biológico para mejorar su deteriorado metabolismo, en lugar de una elevada proporción de fibra, como normalmente se añade a los piensos *light*. Los perros y gatos alimentados con comida natural no engordan, ¿o acaso ha visto usted alguna vez un lobo obeso o un gato montés gordo?

Analicemos en detalle la composición de estos piensos *light*. El **componente principal** (el primero de la lista, ya que los siguientes aparecen por orden descendiente de cantidad) es la **harina de pollo**. Pero, ¡atención!: solo la harina de carne de pollo tiene una proteína de alta calidad; la harina de pollo, por el contrario, es un simple conglomerado de subproductos desecados y está formada por desechos como plumas, patas, garras, picos etc… Cuando estos son procesados en forma de harina no son identificables. Por ejemplo, existe una harina de plumas (¡!) producida por una conocida empresa y utilizada en la elaboración de piensos en la que, naturalmente, no se reconoce el material de origen. La calidad de esta proteína es extremadamente baja o casi nula.

Otro componente es la **lignocelulosa**: es una celulosa impura contaminada con restos de lignina (la sustancia orgánica que se va depositando en las paredes celulares de las plantas cuando se vuelven leñosas): se obtiene de la madera, el yute o el bambú. Se continúa con:

- ✓ *Pulpa de remolacha seca*: es un subproducto procedente de la producción de azúcar a partir de la remolacha (un mero producto de desecho).

- ✓ *Gluten de maíz*: es un resto proteico pegajoso, resultado del procesamiento industrial del maíz. Contiene mucha proteína vegetal, la cual no es aprovechable para un carnívoro, ¡no me canso de repetir esto! El gluten de maíz impide que el intestino genere diarrea (descomposición de las heces), lo cual provoca la retención de estas sustancias inutilizables para el organismo, con la consiguiente sobrecarga de toxinas para los riñones y el hígado.

- ✓ *Grasa animal*: mientras no se especifique nada concreto, debemos asumir que estamos ante una auténtica basura en grado superlativo. Para poder ser procesadas en el pienso, las grasas deben ser previamente deshidratadas. Este procedimiento tiene como consecuencia que se rancien inmediatamente. En un estudio realizado en USA se demostró que el consumo de grasas rancias aumenta el riesgo de cáncer, de problemas cardíacos y de tumores. Más aún, el término "grasa animal" abarca también otros subproductos como, por ejemplo, los aceites de freír viejos. Para ser honestos, hay que reconocer que la imaginación y la falta de escrúpulos de los empresarios de la industria de piensos para animales son absolutamente ilimitadas.

El escándalo de la dioxina en Bélgica, por ejemplo, fue provocado por grasas de este tipo que habían sido añadidas al pienso. La empresa *Fogra*, que había recaudado grasas y aceites reciclados para la empresa *Verkest*, no separó correctamente los contenedores de aceites fritos de los contenedores de aceites de motor usados. Las grasas así contaminadas fueron añadidas a los piensos, lo cual produjo una elevada mortalidad y graves síntomas patológicos entre las aves de corral. En análisis realizados posteriormente, se demostró la presencia de altas concentraciones de dioxina. Este problema no solo afectó a piensos destinados a aves de corral sino también a otras especies. La dioxina es un veneno que, tras ser absorbida por el intestino, se almacena en el tejido graso. Además de causar trastornos en la digestión y en la función enzimática, es un agente cancerígeno. A propósito, no es casualidad que la mayor parte de las empresas dedicadas a la eliminación de cadáveres animales en Bélgica, Holanda y Alemania también dispongan de un departamento contiguo destinado a la producción de grasas…

Otros ingredientes presentes en los piensos *light*:

- ✓ ***Psyllium***: son las cáscaras de las semillas de Plantago ovata, capaces de hincharse hasta alcanzar 50 veces su volumen seco, produciendo sensación de saciedad.
- ✓ ***Hidrolizado de crustáceos y cartílagos*** (glucosamina y condroitina para reforzar las articulaciones): es, en realidad, el resultado del procesamiento de restos: la glucosamina se obtiene a partir de conchas de camarones, gambas y cangrejos; la condroitina, principalmente a partir de cartílagos de tiburón, así como de pulmón de ternera y orejas o morros de cerdo. Aún se debate si la condroitina y la glucosamina son efectivas desde el punto de vista de la nutrición.
- ✓ ***L-Carnitina***: esta sustancia, similar a una vitamina, activa supuestamente la combustión de grasa (no está demostrado), algo imprescindible en estos piensos *light*, debido a la cantidad de azúcar e hidratos de carbono que contienen.

✓ ***Fosfato de sodio***: es un estabilizador, emulsionante y regulador de acidez artificial, imprescindible para encubrir la baja calidad de estos piensos, llenos de vitaminas sintéticas, minerales y aminoácidos añadidos.

Por último, la proporción de fibra cruda en los llamados piensos *light* es muy alta (8,2%), lo cual produce un aumento del volumen de las heces y delata la presencia de materias primas de origen vegetal de escaso valor. Aunque la elevada proporción de ceniza bruta (8,2%) garantiza la consistencia dura de las heces, supone a su vez una sobrecarga enorme para los riñones (especialmente en combinación con las múltiples vitaminas sintéticas añadidas). Por este motivo, el porcentaje de ceniza bruta nunca debería superar el 5%. Muy pocos veterinarios hacen el esfuerzo de analizar en algún momento la composición de los piensos. Solo se fijan en el contenido total de proteína cruda y de grasa. La mayoría de ellos tampoco es consciente de que es posible obtener, por ejemplo, una proporción de proteína cruda del 24% a partir de suelas de zapato viejas y un contenido del 10% de grasa a partir de aceites viejos de motor – de hecho ¡ya se han realizado los experimentos de laboratorio necesarios para probar la gran utilidad de estos "materiales básicos"!

En el caso de patologías articulares como la de Pomuc, los veterinarios también recomiendan alegremente los llamados "Piensos Mobility". Aunque estos piensos, por su composición, tienen una calidad tan baja como la de los piensos *light* que acabamos de analizar, la adición de extracto de mejillón verde se utiliza para comercializarlos como si fueran alimentos especialmente valiosos para el tratamiento de enfermedades articulares.

El Comité de Expertos en "alimentos dietéticos, alimentación y alergias" del Ministerio Federal para la evaluación de riesgos (BfR), dirigido por el Dr. Rolf Grossklaus, ha penalizado con "tarjeta roja" declaraciones publicitarias ilícitas, que hacen promesas realizadas por múltiples empresas en relación a sus suplementos alimentarios y ha prohibido, entre otras cosas, hacer publicidad del extracto de mejillón verde como una sustancia efectiva para el tratamiento de problemas articulares. En este caso, la "adjudicación de tarjeta roja" era efectuada en el ámbito de la salud humana pero, evidentemente, esta prohibición también es aplicable al mundo de la medicina veterinaria.

La mayoría de los consumidores no son conscientes de que los suplementos alimenticios no están sometidos a inspección y certificación obligatorias y tampoco son testados en cuanto a su efectividad y seguridad. Los estudios realizados por las empresas farmacéuticas, financiados por ellas mismas, no pueden ser aceptados como significativos y, desgraciadamente, tampoco existen estudios independientes en este ámbito.

De esta forma, los consumidores, en este caso los dueños de animales, no tienen acceso a una perspectiva crítica: al pienso, un producto de baja calidad en sí, se le añade un suplemento alimentario – en nuestro ejemplo, extracto de mejillón verde – para que aparezca ante nuestros ojos como un alimento de alto valor y eficaz contra los problemas articulares. Los precios de estos piensos con suplementos, que naturalmente solo se venden en consultas veterinarias, son disparatados – un saco de 15 kg, cuya composición no es en absoluto de calidad, puede valer hasta 90 euros o incluso más, dependiendo de la marca. ¡Vaya tenderete de ensueño!

En el ámbito de la alimentación natural, los suplementos alimentarios no son necesarios. Volvamos de nuevo al mejillón verde, la glucosamina y la condroitina. Estas sustancias están presentes en los cartílagos y en los huesos en cantidades suficientes. Si el alimento que ingiere un perro incluye huesos y cartílagos, (y estos siempre deberían ser parte integrante de su dieta), no es necesario suplementar con productos de eficacia cuestionable. La suposición: "si no sirve para nada, entonces tampoco hace daño" puede convertirse en un tiro que sale por la culata. Los sulfatos de glucosamina, por ejemplo, pueden debilitar el efecto de algunos antibióticos (penicilina, cloranfenicol) y potenciar el de otros (tetraciclinas). La glucosamina, además, es un azúcar, por tanto ha de ser tenida en cuenta en la alimentación de animales diabéticos. En realidad, en esta cuestión nos han creado una "necesidad" falsa. En el ámbito de la salud humana, ocurre un fenómeno muy similar: primero nos hacen creer que existe una carencia (a través de los medios de comunicación) y, casualmente y a continuación, descubren el producto idóneo que, naturalmente, es lanzado inmediatamente al mercado.

En el ámbito de los suplementos alimentarios, concretamente, tenemos innumerables ejemplos. Este mercado ha crecido de manera explosiva también en el mundo de las mascotas y, entre tanto, ha alcanzado unas dimensiones inabarcables. Los suplementos dietéticos para animales, especialmente los que incluyen vitaminas sintéticas, consumidos cada día en mayor cuantía, deben ser utilizados con precaución. Una ingesta descontrolada puede ser perjudicial. Desgraciadamente, no se han realizado investigaciones independientes en este campo. En el ámbito de la salud humana, el estudio más famoso es el "Estudio de Finlandia", en el cual se administraron preparados vitamínicos sintéticos (betacarotenos) a fumadores. Los betacarotenos son antioxidantes capaces de neutralizar los radicales libres, moléculas que se producen en mayor cantidad en el organismo de las personas que fuman. El experimento hubo de ser suspendido porque el número de fumadores que enfermaron de cáncer de pulmón después de consumir estos betacarotenos sintéticos aumentó significativamente.

Por tanto, el consumo excesivo de vitaminas sintéticas puede ser perjudicial. La adición de suplementos dietéticos en los piensos es, en general, un despropósito sin sentido. Es más, el hecho de que estos piensos con suplementos alimentarios se vendan *solo* en consultas veterinarias es una auténtica mofa para los propietarios de animales, que deben pagar un precio elevado por un producto de poca utilidad o, en el peor de los casos, perjudicial. Por si fuera poco, son consumidos por "prescripción veterinaria". Los suplementos dietéticos, en particular los que contienen vitaminas y minerales, son en realidad medicamentos que deben ser administrados por médicos (conscientes de su responsabilidad) con una finalidad concreta. Para terminar, ¿qué fue de nuestro amigo Pomuc? Este perro solo llegó a cumplir 7 años porque, debido al penoso estado de sus articulaciones, sus dueños tuvieron que anestesiarlo.

ArtNatural
2011

Capítulo 4

Por así decirlo, vacunada hasta la muerte. Por qué la gata Benita tuvo que morir

Sobre el sentido y el sinsentido de las revacunaciones anuales

Cuando Benita nació en un criadero, era una gatita preciosa de pelo largo y negro, con las patas blancas y una mancha blanca en la frente. A las siete semanas de edad, una familia la adopta y la acoge con gran cariño. Sobre todo, los tres niños de la familia disfrutan de tener una gata tan simpática y juegan todo el día con ella. Como no puede salir al exterior, Benita se convierte en un auténtico "tigre de salón", lo cual no parece importarle porque sus días están colmados de actividades interesantes con la familia. Por supuesto, sus dueños la desparasitan y, a las nueve semanas de edad, como es norma, la someten a un plan exhaustivo de vacunación: el veterinario correspondiente le administra, como inmunización básica, una vacuna polivalente contra la panleucopenia, el catarro y las clamidias, y otra vacuna contra la leucosis felina. Además le pone la primera dosis de la vacuna antirrábica. En cuanto a la vacuna contra la PIF (peritonitis infecciosa felina – una inflamación infecciosa del peritoneo que solo afecta a los gatos), el veterinario aconseja dejarla para más adelante.

Cuando la señora G., dueña de la gatita, pregunta si es necesario y sano vacunar a un gato casero contra tantas enfermedades de una vez, obtiene una respuesta lapidaria: si realmente desea proteger a su gato contra todas las enfermedades posibles, es imprescindible hacerlo. Además, los gatos toleran perfectamente las vacunas actuales que, sin duda, no podrían perjudicarlos; es más, si el gato un día se escapase a la calle, ya estaría protegido contra cualquier enfermedad. Lo mismo ocurre, por ejemplo, en el caso de la rabia, enfermedad peligrosa incluso para las personas. En resumen, para más seguridad, se vacuna contra todo lo que se pueda – algo así como "todo, para todos los casos".

La señora G., convencida por estas argumentaciones, decide vacunar a su gata contra "todo". También acude religiosamente a las revacunaciones posteriores y, dos meses después, comienzan con la inmunización contra la PIF, también en dos dosis. Mientras tanto, Benita ha sido desparasitada periódicamente, tres veces en total. El veterinario advierte a su clienta que las vacunas solo protegen a los gatos durante un año, por lo cual deberían reponerse anualmente. La señora G. anota minuciosamente todas las citas futuras. No quiere cometer ningún error. Benita sigue creciendo y está espléndida. A los seis meses de edad, la esterilizan, y cada año es revacunada de todo lo necesario. Las cosas parecen marchar sobre ruedas y la familia G. disfruta de su preciosa, cariñosa y mimosa gata.

Sin embargo, a los 6 años de edad, pocas semanas después de la revacunación anual, la señora G. descubre una inflamación en el cuello de la gata, exactamente en el punto de la inyección. Preocupada, acude con ella al veterinario. Éste la tranquiliza con buenas palabras alegando que, a veces, se produce una reacción a la vacuna, absolutamente normal, llamada granuloma de vacunación. Unas semanas después, la inflamación se ha convertido en un bulto duro del tamaño de una avellana y la señora G., por consejo del propio veterinario, que ya no considera el bulto como un granuloma de vacunación inofensivo, acepta que tomen una muestra del tejido del bulto y lo envíen al laboratorio para que lo analicen. El diagnóstico obtenido es desolador: Benita tiene un sarcoma maligno, o sea, un cáncer.

El veterinario aconseja operar el sarcoma inmediatamente. La señora G. acepta sin rechistar, porque Benita solo tiene 6 años ¡y siempre ha sido una gata sana! Sus hijos también aceptan este consejo, ya que el veterinario dice que es la única posibilidad de salvarle la vida. Después de la operación, Benita no se encuentra bien, siente dolor cada vez que se mueve y pasa el día acurrucada en un rincón de la casa, inmóvil y sin hacer nada. No tiene apetito y está adelgazando mucho. Ni siquiera ofreciéndole sus manjares preferidos consiguen que se mueva de su rincón.

Al cabo de un tiempo, Benita empieza a sentirse mejor. Se está recuperando visiblemente, come bien y ronronea satisfecha cuando la acarician. ¡La familia G. cree haber vencido el cáncer que padecía! Pero no es así: a los pocos días, la señora G. descubre que Benita tiene otro bulto. Esta vez está situado unos centímetros más abajo que el primero. ¡El tumor ha vuelto a crecer! ¿Qué se puede hacer ahora?

El veterinario aconseja una nueva operación. Pero, afortunadamente, la señora G. es una ciudadana con criterio propio que no se deja impresionar ni convencer por el venerable "semidiós de la bata blanca". Al contrario: ella investiga en internet y en libros y habla con amigos, lo cual clarifica rápidamente algunos temas: Benita ha sido vacunada contra la rabia y la leucosis en reiteradas ocasiones: ambas vacunas, no solo contienen adyuvantes (disoluciones, emulsiones o mezclas químico-físicas que supuestamente refuerzan el efecto del componente principal de la vacuna), sino, además, un conservante llamado Thiomersal, que es un compuesto de mercurio altamente tóxico.

Los sarcomas de vacunación son debidos a una inflamación crónica en el área de la inyección. Esta inflamación crónica es provocada de manera intencionada e incluso potenciada mediante el adyuvante añadido. En el caso de las llamadas vacunas con gérmenes muertos, precisamente se intenta generar un proceso inflamatorio con el fin de aumentar la respuesta inmune. Las vacunas con gérmenes vivos no requieren estos "refuerzos" o "amplificadores". La inflamación crónica causada en el punto de inyección desaparece normalmente, pero puede ocurrir que algunas células del tejido conjuntivo degeneren y se conviertan en células cancerígenas, provocando un crecimiento tumoral: el sarcoma.

Desgraciadamente, no existe ninguna vacuna antirrábica sin adyuvante. La única protección posible contra los sarcomas de vacunación provocados por la vacuna de la rabia en gatos consiste en vacunarlos lo menos posible o incluso no vacunarlos en absoluto, sobre todo a gatos que viven exclusivamente dentro de una casa. En el caso de la leucosis, la panleucopenia y la gripe o rinotraqueitis felina, recientemente han aparecido vacunas sin adyuvantes (por ejemplo, *Purevax*). Estas vacunas son algo más caras que las usuales que contienen adyuvantes. Muchos veterinarios afirman que estos sarcomas se producen por haber inyectado la vacuna de manera incorrecta (en la piel, intracutánea, en lugar de debajo de la piel) o por falta de higiene. Según este argumento, debería existir riesgo de formación de sarcomas tras la inyección de cualquier medicamento y, sin embargo, ¡no es así!

Tras sus indagaciones, la señora G. se ha enterado de la extrema malignidad de estos sarcomas, especialmente si están situados en la nuca, pues debido a la dificultad de acceder a esta zona, es muy probable que el cirujano no pueda extraer el tejido tumoral completo. Por esta razón, el porcentaje de recaídas, es decir, la probabilidad de que el tumor vuelva a crecer rápidamente, es mayor. Entretanto, debido al aumento del número de casos de sarcomas, se está recomendando a los veterinarios que pongan las vacunas que contienen adyuvante en una pata, ya que ésta puede ser amputada en caso de que se genere un sarcoma. Esto no es una broma de mal gusto, sino la amarga y triste realidad.

La señora G. no permite que operen a Benita de nuevo. Después de algunas semanas, la familia decide no martirizar más a su gata, porque el tumor ha crecido hasta adquirir el tamaño de una naranja en muy poco tiempo y la piel, demasiado tersa, ha empezado a rajarse. Cuando, posteriormente, de la herida empieza a supurar líquido, la familia decide, con todo el dolor de su corazón, eutanasiarla.

Naturalmente, el veterinario nunca reconoció que este sarcoma se había generado a causa de las vacunaciones. Es más, insistió tercamente en que su programa de vacunaciones era correcto y que es necesario vacunar también a los gatos estrictamente caseros contra la rabia y la leucosis. Igualmente perseveró en la necesidad de la revacunación anual del complejo panleucopenia-constipado.

Entretanto, en el gremio de los veterinarios se ha difundido el rumor de lo peligrosas que pueden ser las vacunas con adyuvantes para nuestros animales. Incluso ya se ha demostrado científicamente que estas vacunas son la causa de los sarcomas y, a este respecto, no queda la menor duda. Sin embargo, en lugar de reaccionar a estas evidencias como corresponde y utilizar vacunas sin adyuvantes, en la mayoría de las consultas veterinarias se sigue vacunando alegremente con vacunas que contienen adyuvantes y según programas de inmunización absolutamente obsoletos, o sea ¡insistiendo aún en la necesidad de renovaciones anuales!

Desgraciadamente, debo reconocer que yo misma he estado practicando las revacunaciones anuales hasta hace unos años. También he estado expuesta, durante muchos años, a la falsa información divulgada por la industria farmacéutica: no puedo ni quiero eludir esa responsabilidad. Por eso, hoy día me reprocho no haberme documentado antes mediante fuentes de información independientes. Sin embargo, puedo argumentar a mi favor que nunca vacuné a gatos estrictamente caseros contra la rabia o contra la leucosis.

La familia G. quedó bastante afectada cuando comprendió que su gata había sido una víctima más del "desconocimiento" veterinario.

En el caso de Benita, ¿qué errores se han cometido, desde el punto de vista veterinario? Primero: vacunar a un gato casero contra la rabia es un auténtico disparate y un acto de pura codicia. ¿O acaso estima usted que la probabilidad de cruzarse con un zorro rabioso por el salón de su casa es elevada? Además, en Alemania y Austria, por ejemplo, la rabia ha sido erradicada desde hace años (rabia del zorro). La vacuna de la rabia solo es necesaria para perros y gatos que viajan al extranjero y, para esos casos, existen vacunas que teóricamente generan inmunidad durante tres años (ley europea 998/2003) aunque, en realidad, su efecto dura mucho más de tres años. Es más, para la inmunización básica de la rabia solo es necesaria una vacuna, y no dos, como se hizo con Benita y como, desgraciadamente, se practica habitualmente en las consultas veterinarias.

Un gato casero tampoco requiere la vacuna contra la leucosis. El virus felino de la leucosis solo se transmite de un animal a otro y no cae del cielo – tampoco si un pájaro se posa de vez en cuando en el suelo o en la barandilla de su terraza. Este virus no puede ser introducido en la casa por entrar con los zapatos de la calle como, por ejemplo, ocurre con los virus de la panleucopenia.

Examinemos, una por una, las enfermedades de estos felinos, contra las cuales se practica la vacunación habitualmente.

Leucosis felina (VLFe): el virus de la leucemia felina

Esta enfermedad produce diversos tipos de leucemia, enfermedades cancerígenas del sistema linfático que, al principio, se caracterizan por una mayor propensión a las infecciones. Contra la leucosis solo deben ser vacunados los gatos menores de un año de edad que salgan al exterior y ¡no sin hacerles previamente un análisis de sangre! Es decir: solo se vacunará a aquellos gatos que, según el resultado del análisis de sangre, no hayan tenido contacto con el virus. La leucosis es peligrosa especialmente para individuos jóvenes; cuanto mayor sea un gato, más resistente será a una infección de leucosis.

Según el Prof. Ronald Schultz, uno de los expertos en inmunología veterinaria más conocidos y eminentes del mundo (Universidad de Wisconsin, USA), el 90% de los gatos pequeños ya se han infectado con el virus antes de cumplir las tres semanas de edad. Con un año, la media de gatos que aún están infectados de manera crónica es, sin embargo, menor del 15%. Es decir, cuanto más mayor es un gato, más resistente es su sistema inmune contra la infección. La inmunidad generada de manera natural por infección con el virus es mucho más potente que la inducida por vacunas. Además de que los gatos vacunados también pueden enfermar, en caso de contacto permanente con excretores del virus, la vacunación regular no ofrece suficiente protección.

No existen investigaciones científicas sobre la duración de la inmunidad que confiere la vacuna. Es decir: los consejos de los laboratorios farmacéuticos son totalmente arbitrarios y no están demostrados científicamente.

Es posible que la inmunidad adquirida por la vacunación perdure mucho más de un año. Si tenemos en cuenta lo intensa que es la reacción inmune del gato contra este virus, indudablemente nos veremos obligados a reflexionar acerca del sentido de la revacunación anual. En el caso de esta enfermedad, el riesgo de padecer un sarcoma de vacunación es mucho mayor que el de la infección misma. Y, en el caso de Benita, su sistema inmune fue debilitado, además, mediante revacunaciones anuales innecesarias con vacunas combinadas de panleucopenia/constipado felino.

Panleucopenia felina

La panleucopenia es una enfermedad viral acompañada por una reducción radical de los glóbulos blancos. Afecta principalmente al aparato digestivo del gato. Cuando se declara la enfermedad, el animal sufre diarrea y vómitos graves. En cachorros de gato puede ser mortal en un lapso muy corto de tiempo. Todos los gatos deberían ser vacunados contra ella, incluso aquellos que no salen al exterior, ya que las personas pueden introducir los virus en casa.

La inmunidad adquirida mediante la vacunación es buena y perdura mucho más de un año. En estudios sobre la permanencia de la inmunidad (DOI = *Duration of Immunity*), los científicos Scott y Geisinger han demostrado que los gatos vacunados en dos dosis están protegidos, como mínimo, durante siete años y medio (que es, precisamente, el tiempo que duró este experimento).

Según la opinión de otros expertos estadounidenses a la vanguardia de la investigación actual, esta vacuna proporciona inmunidad incluso durante toda la vida del gato. Por tanto, la vacunación anual es innecesaria y, mediante vacunaciones innecesarias contra la panleucopenia, solo se consigue aumentar el riesgo de efectos secundarios sin aumentar la protección ofrecida. Tampoco es de utilidad, en absoluto, la medición de anticuerpos séricos (o titulación de anticuerpos), ya que este valor no aporta ninguna información sobre la protección adquirida mediante la vacuna. Es posible que, aun obteniendo valores mínimos de anticuerpos séricos, el animal posea suficiente inmunidad. Los laboratorios que elaboran las vacunas, con el fin de justificar la elevada frecuencia de vacunación que ellos mismos recomiendan (generalmente anual), han escogido la medición de anticuerpos séricos como indicador de la inmunidad y han establecido, de manera absolutamente arbitraria, qué valores indicarían una ausencia de protección inmune. Según un estudio de Michael R. Lappin (Profesor de Small Animal Medicine, Universidad del estado de Colorado, 2002), el valor de anticuerpos séricos no aporta ninguna información concluyente respecto a la inmunidad generada por una vacuna. Hay gatos que, aún teniendo un valor mínimo de anticuerpos séricos (casi imposible de cuantificar), han resultado ser inmunes en estudios de exposición a la enfermedad. En estos casos, juegan un papel clave las llamadas células memoria, capaces de "recordar" los virus durante años y de reactivarse nuevamente en caso de infección. Estas células memoria, igual que los anticuerpos, también son generadas por el organismo mediante la vacunación, pero no son detectables en análisis de laboratorio. Por cierto, este hecho es igualmente válido para todas las demás vacunas. Las mediciones de anticuerpos séricos solo son útiles cuando deseamos saber si un cachorro de perro o gato todavía tiene anticuerpos maternos. Mediante ese parámetro podremos saber cuál es el momento óptimo para vacunar a un cachorro.

La propuesta realizada recientemente por una "Comisión permanente de Vacunación" oficial, de alargar a tres años los plazos de revacunación, es tan arbitraria como la antigua recomendación de revacunación anual y, según los estudios-DOI de Scott y otros investigadores, ésta es también una frecuencia elevada e innecesaria: una inmunización realizada en dos dosis es más que suficiente.

Rinotraqueitis felina (gripe felina)

La vacuna contra la gripe felina consta de varios componentes: virus del Herpes, Calicivirus, bacterias Bordetella y Chlamidias. Estas vacunas no muestran ninguna efectividad, sobre todo en cuanto a los Calicivirus, que son capaces de transformarse continuamente. Cuando sea inevitable vacunar a un gato (especialmente en refugios de animales), la inmunización básica, que consta de dos inyecciones, es suficiente. Respecto al Calicivirus, los investigadores sospechan que, precisamente mediante la vacuna, se favorece la aparición de cepas especialmente agresivas, lo cual explicaría la expansión explosiva y desproporcionada de esta enfermedad en los años noventa. En refugios, la mejor protección contra la rinotraqueitis felina continúa siendo la higiene, ventilar bien y mantener una densidad menor de animales. Por cierto, los gatos vacunados también pueden contraer la enfermedad. La razón podría ser, igual que en el caso de la vacuna contra la gripe humana, la capacidad de mutación constante de estos virus.

PIF (peritonitis infecciosa felina)

La peritonitis infecciosa felina es una inflamación contagiosa del peritoneo, causada por Corona-virus mutantes. Los animales enfermos tienen fiebre, edema abdominal y pierden mucho peso. La enfermedad es casi siempre mortal. Solo cuando un Corona-virus, del que son portadores casi todos los gatos, sufre una mutación (cambio genético), se convierte en un virus peligroso capaz de provocar los síntomas del PIF. Generalmente, los cachorros de gato se infectan entre las cuatro y seis semanas de edad, principalmente a través de su madre. La infección es normalmente inofensiva, pero cuando aparecen mutantes del virus que provocan la enfermedad el desenlace suele ser fatal. Esta vacuna no es recomendable ya que su efectividad no está demostrada e incluso se sospecha que la propia vacuna (elaborada con microorganismos ajenos al organismo) favorece el desarrollo de la enfermedad. Dado que prácticamente todos los gatos están infectados con Coronavirus (según las condiciones del lugar donde viven, entre un 50-100%), en la mayoría de los casos la vacunación no tiene sentido. Pero incluso en gatos que no tienen Corona-virus, la presunta protección que proporciona la vacuna es muy cuestionable, como ha sido demostrado en estudios realizados en refugios de animales en Alemania. En estos estudios, de 20 gatos vacunados contra la PIF, enfermaron 12. Por el contrario, de los 20 gatos no vacunados, enfermaron 10.

En resumen, la conclusión final es que ¡Benita fue vacunada hasta la muerte! ¡Cuántas veces he preguntado a mis colegas, recientemente, si han cambiado sus programas de vacunación desde que se publicaron los resultados de los experimentos sobre los sarcomas de vacunación y las pruebas científicas de que la inmunidad adquirida mediante la vacunación es muy superior a un año…!

Aunque parezca increíble, ¡prácticamente todos los colegas a los que he preguntado personalmente, siguen vacunando exactamente igual que antes! Algunos de ellos han empezado a utilizar vacunas sin adyuvante, pero siguen al pie de la letra las indicaciones del prospecto del laboratorio que las fabrica, el cual siempre asegura que no se autorizan plazos mayores de un año para ninguna vacuna. Esto es absolutamente falso, porque *Purevax*, por ejemplo, una vacuna sin adyuvante contra la panleucopenia y la gripe felina, está autorizada en toda Europa como un producto que proporciona inmunidad durante tres años. Recientemente, la Asociación Alemana de Veterinarios BPT ha comenzado a recomendar la vacunación contra la leucopenia cada tres años y contra la gripe felina cada dos años. Aunque estas cifras también son arbitrarias, al menos son algo mejores que los programas anteriores de revacunación anual.

¿Cómo es posible que existan opiniones tan diversas con respecto a la duración de la inmunidad que proporcionan las vacunas? Cuando se vacuna a un animal, su organismo forma anticuerpos séricos. Los laboratorios farmacéuticos han establecido de manera arbitraria cuál es la concentración de anticuerpos séricos que debe haber en sangre para considerar que ha habido una respuesta inmune suficiente. Cuanto más alto sea el valor elegido por ellos, mayor será la necesidad aparente de vacunación. A los laboratorios farmacéuticos, interesados por supuesto en obtener beneficios máximos, no les conviene reconocer que la concentración de anticuerpos séricos tiene muy poca o ninguna validez a la hora de valorar las defensas inmunes reales de un individuo y que, más bien, solo sirve para indicar si el individuo ha sido vacunado o no. Después de la vacunación, también se forman unas células llamadas células memoria que, aunque no se pueden detectar en los análisis, son las principales implicadas en los procesos de defensa inmune. Incluso décadas después, las células memoria aún pueden recordar al microorganismo correspondiente y activarse de nuevo. Recordemos que algunas vacunas humanas se administran una o dos veces y proporcionan inmunidad para toda la vida. ¿Por qué habría de ser diferente en perros y gatos?

Estos argumentos pueden ayudarnos a comprender por qué se ha llegado a interpretaciones tan dispares a este respecto. Pero volvamos al tema de mis colegas de profesión: ¡a lo largo de mi carrera profesional he visto de todo!: desde ignorancia absoluta y negación de todos los conocimientos e investigaciones actuales, hasta comportamientos agresivos hacia cualquier tipo de crítica (¡entre colegas!). No me resulta difícil imaginar cómo se comportan estos veterinarios con sus clientes cuando éstos intentan dialogar con ellos sobre ciertas cuestiones o problemas concernientes al tema de las vacunas; además, algunos clientes que han venido a mi consulta después de haber decidido cambiar de veterinario me lo han contado.

¿Por qué están las cosas como están? En este caso, como en tantos otros, el aspecto económico juega un papel decisivo: "...pues si vacuno a los perros cada tres años o realizo una única inmunización básica, ya puedo ir cerrando mi consulta", oí decir recientemente a un colega de edad avanzada. "Es que yo vivo principalmente de las vacunaciones...".

¡Estimado Sr. Colega! Si las vacunaciones anuales constituyen su principal fuente de ingresos, solo puedo decirle que, con seguridad, usted ha debido de cometer algunos errores en su consulta...

¿Tenemos derecho los veterinarios – dejando aparte la moral y la ética – a poner vacunas innecesarias, que incluso puedan provocar una enfermedad mortal al animal (vacunas con adyuvante), a sabiendas del riesgo que conllevan? Según parece, que por puros intereses económicos preferimos arriesgarnos a perjudicar a nuestros sufridos pacientes, siendo plenamente conscientes de ello. Espero que ningún colega intente justificar su programa de vacunación anual apelando a su confianza en los viejos consejos de la industria farmacéutica y solo por el bien del animal.

Desgraciadamente es fácil convencer a un cliente del peligro de no vacunar a su animal con regularidad. Algo así como: "si su perro/gato enferma por no estar inmunizado gracias a la vacuna, usted es el responsable". Esa estrategia es injusta, tanto con el dueño como con el animal mismo y encubre un negocio lamentable, basado en el miedo y los remordimientos de conciencia de las personas.

En nuestra historia de la gata Benita, se puede demostrar que la vacunación estuvo directamente relacionada con el cáncer que padeció. Desgraciadamente, casos como éste no son poco frecuentes. Según estimaciones del experto en cáncer de animales domésticos Dr. Martin Kessler, la frecuencia de aparición de sarcomas en gatos a causa de la vacunación es de 1:1000 a partir de los ocho años de edad.

Además, existen múltiples efectos colaterales provocados por las vacunas, cuya relación directa con las mismas no es fácil de demostrar. A continuación, expongo un anexo de un fórum de animales de internet, en el cual un equipo veterinario da consejos a propietarios que buscan ayuda:

✓ *Marianne pregunta acerca de su gato Mikki:*

> Una semana después de la vacunación (panleucopenia, rinotraqueitis, leucemia) mi gato tuvo una fiebre muy alta (40,5 grados). Me da miedo ponerle la segunda dosis a final de mes. ¿Debo hacerlo, a pesar de que Mikki es un gato meramente casero? Temo que sea alérgico a la vacuna.
>
> **Los veterinarios responden:**
> Si la fiebre no ha aparecido hasta una semana después de la vacunación, con seguridad no existe una relación directa. . . Para garantizar una protección real es necesario poner la segunda dosis y revacunarlo posteriormente con la regularidad necesaria ¡esto también afecta a los gatos exclusivamente caseros!...

✓ ***Ante la pregunta realizada por una propietaria de cuatro gatos, de por qué el precio de la misma vacuna asciende a 21 euros en un veterinario y a 69 euros en otro, el equipo veterinario responde:***

No puedo recomendarte ningún veterinario más económico, pero, según la escala de honorarios, dentro de ciertos márgenes están permitidos diferentes precios… Si los costes de la vacunación anual y las desparasitaciones te resultan excesivos, ¿qué harás entonces cuando tu gato no vacunado, contraiga una enfermedad?...

✓ ***Susanna pregunta acerca de la vacunación de sus mascotas de edad avanzada:***

Debo vacunar a mis animales en noviembre: sin duda vacunaré a Jamy, que tiene 1 año y 3 meses de edad y al gato Balu, de 10 años. Pero no estoy tan segura de si debo vacunar a mis dos "señores perros" más ancianos: Jacky tiene ya 15 años y Krümel 16, los dos han sido vacunados anualmente hasta ahora. Están aún en buena forma física, según los análisis de sangre, no se puede sospechar que tengan ninguna enfermedad.

Los veterinarios responden:
Tu pregunta está justificada, por supuesto, pero no te podemos dar una respuesta que tenga validez general. Es clave saber, entre otras cosas, si el perro viejo, por ejemplo, vive y sale a pasear en una gran ciudad donde tiene contacto con multitud de perros desconocidos, o si vive en una zona rural donde contacta con un grupo limitado de perros conocidos. En el primer caso, el riesgo de contagio para un perro mayor sería demasiado grande como para abstenerse de vacunarlo… Además, casi siempre se sobreestima el "estrés" que supone la vacuna para el animal,y en caso de una revacunación de las "grandes", puede ser dividida en dos inyecciones.

Revacunar a un perro tan mayor que, de todos modos, ha sido vacunado en exceso durante tantos años, carece absolutamente de sentido. El argumento de que los perros de ciudad tienen más peligro que los de zonas rurales es puro alarmismo. Cuando un perro está inmunizado, no importa en absoluto dónde viva. Además, casi todos los perros de ciudad han sido vacunados con regularidad. En realidad, estamos ante una información incorrecta que aconseja vacunar sin necesidad a dos perros ancianos que ni siquiera van a vivir el tiempo que va a perdurar la inmunidad.

¿Por qué son innecesarias las revacunaciones anuales? ¿Acaso no se vienen practicando desde hace décadas? ¿Por qué vamos a considerarlas, ahora de pronto, como un error? Precisamente en este punto llegamos al tema verdaderamente polémico: realmente, ¿durante cuánto tiempo proporciona inmunidad una vacuna? Utilizando como excusa la estricta prescripción legislativa existente para la vacuna antirrábica en el caso de viajes al extranjero, la práctica abusiva de las revacunaciones anuales se ha extendido a todas las demás enfermedades de perros y gatos para las que existe una vacuna. Pero pasemos revista a cada una de las enfermedades contra las que, normalmente, se vacuna a los perros cada año.

Moquillo

El moquillo es una infección viral que puede manifestarse con una sintomatología diversa. Los síntomas más comunes son secreción nasal y ocular, pulmonía y diarrea. Las vacunas del moquillo proporcionan inmunidad durante mucho tiempo. Los virus del moquillo están emparentados con el virus del sarampión humano. Es un hecho que las personas, después de una inmunización en dos dosis, están protegidas durante toda su vida. Nadie se plantearía la necesidad de revacunaciones anuales. ¿O acaso se vacunaría usted todos los años contra el sarampión? En experimentos de larga duración realizados en Inglaterra, se ha comprobado que la inmunidad adquirida mediante la vacuna del moquillo perdura durante muchos años. Siete años después de la vacunación básica de los cachorros contra el moquillo, los perros adultos aún eran inmunes. Eso no quiere decir que la inmunidad dure solo siete años, sino que aún no se han hecho estudios que abarquen un periodo mayor de tiempo. Seguramente la inmunidad se mantiene, como en las personas, durante toda la vida. El profesor Ronald Schultz aconseja vacunar a los cachorros contra el moquillo a las 12 semanas de edad o más tarde. Después se debe hacer un análisis de la concentración de anticuerpos séricos en sangre y si el perro ya ha formado anticuerpos, no se le pondrá la segunda dosis – esto será válido para el resto de la vida del animal.

Parvovirosis

La parvovirosis es una enfermedad causada por un virus parecido al de la panleucopenia felina. Es relativamente frecuente y puede ser peligrosa, sobre todo para cachorros y animales jóvenes. El contagio ocurre principalmente por las heces de perros infectados. Los síntomas principales son diarreas con sangre y vómitos. La vacuna contra la parvovirosis, igual que la del moquillo, proporciona inmunidad durante mucho tiempo. La inmunización básica es necesaria, pero las revacunaciones anuales o cada tres años no tienen sentido, ya que no aumentan la inmunidad inicial adquirida. Se han realizado estudios de resistencia que han demostrado la permanencia de la inmunidad durante al menos siete años. Todavía no se han hecho estudios que abarquen un lapso mayor de tiempo.

Hepatitis

Esta inflamación infecciosa del hígado es transmitida por adenovirus. Los síntomas de la enfermedad son fiebre, vómitos, diarrea, hemorragias y, a veces, también síntomas neurológicos. Es aconsejable realizar la inmunización básica, como en el caso del moquillo y la parvovirosis. Según experimentos realizados en USA, después de la vacunación, el organismo genera anticuerpos que lo protegen de la enfermedad, como mínimo, durante nueve años.

Leptospirosis

El agente causante son unas bacterias transmitidas principalmente por la orina infecciosa de roedores. Aunque esta enfermedad suele tener una evolución benigna, en casos graves puede causar dolores abdominales, vómitos, fiebre, daños renales y hepáticos. La vacuna de la leptospirosis ha generado una gran polémica. Primero, porque esta vacuna provoca múltiples efectos secundarios y segundo, porque cada día es más frecuente que los perros enfermen con cepas de leptospiras diferentes de las que componen la vacuna. A pesar de que esta vacuna se elabora a partir de bacterias completamente muertas, éstas aún causan efectos colaterales, razón por la que pertenece a las llamadas "dirty vaccines" (vacunas sucias). Las toxinas de estas bacterias muertas pueden causar reacciones alérgicas agudas del sistema inmune y llegar a producir daños cerebrales. En USA solo se vacuna a perros que tienen un riesgo de infección muy alto, por ejemplo, los que tienen contacto con animales salvajes. El profesor Ronald Schultz, por ejemplo, no vacuna a sus propios perros contra la leptospirosis, simplemente porque los daños son mucho mayores que los beneficios.

Tos de las perreras

Esta enfermedad está causada por diversos microbios, tanto de naturaleza viral como bacteriana. Uno de estos virus, el "adenovirus 2", también está incluido en la vacuna contra la hepatitis; otro, el "adenovirus 1", está incluido en varias vacunas combinadas; y contra la bacteria Bordetella bronchiseptica, también causante de esta enfermedad, existe una vacuna en gotas que se echa por la nariz.

La tos de las perreras puede causar problemas, sobre todo, en refugios de animales, donde los perros conviven concentrados en espacios reducidos. Los portadores del virus de esta enfermedad pueden ser perros sanos o perros enfermos.

Muchas veces, a pesar de la vacunación, no es posible evitar la infección, sino simplemente conseguir que la enfermedad siga un curso más leve. La tos de las perreras no suele poner en peligro la vida del animal, por eso no es necesario vacunar a perros que viven en condiciones normales.

Virus del herpes

Los virus del herpes pueden causar abortos, nacimiento de cachorros muertos o muerte posterior al nacimiento. La vacunación solo tiene sentido si una perra que va a criar no posee anticuerpos contra ellos. En ese caso, se la debe vacunar dos veces: la primera vez, entre siete y diez días después de la cópula y la segunda, una semana antes de la fecha del parto, aproximadamente.

Borreliosis

Existe bastante polémica sobre el sentido de esta vacuna, que solo es efectiva contra una variedad de la bacteria (Borrelia burgdorferi sensu stricto) prácticamente inexistente en nuestras latitudes, donde tienen más relevancia la Borrelia burgdorferi garinii y la afzelii, (que no están incluidas en la vacuna). Además, menos del 5% de los perros infectados por garrapatas llegan a enfermar. Por eso, la utilidad de la vacuna contra la borreliosis es mínima. Incluso existe la sospecha de que esta vacuna provoca artritis crónica en perros que tengan cierta predisposición genética a padecerla. No obstante, la mayoría de los veterinarios se la recomiendan tranquilamente a sus clientes. Es obvio que estos colegas siguen al pie de la letra los consejos de la industria farmacéutica, sin ningún espíritu crítico, por supuesto, y exagerando desmesuradamente el riesgo de contraer la enfermedad.

En resumen, podemos afirmar que la inmunidad conferida por las vacunas contra enfermedades virales como la parvovirosis, el moquillo o la hepatitis perdura mucho más de un año. El Prof. Dr. Marian C. Horzinek de la Universidad de Utrecht, un renombrado virólogo de animales de compañía, afirma que la inmunidad persiste durante toda la vida, especialmente en el caso del moquillo cuando el animal ha sido vacunado de cachorro. Por otro lado, la inmunidad proporcionada por las vacunas contra algunas enfermedades bacterianas como la leptospirosis y la tos de las perreras persiste, según parece, menos de un año, pero para estas enfermedades existen tratamientos eficaces. A todo ello hay que añadir que la efectividad de las respectivas vacunas es un tema controvertido, porque el riesgo de dañar el sistema inmune para toda la vida con la vacunación es mayor que la incierta inmunidad adquirida gracias a ellas. El Prof. Ronald Schultz aconseja vacunar una o dos veces a los cachorros y nunca más. La vacuna antirrábica debe ser renovada cada tres años, pero solo para los animales que deban viajar al extranjero.

A continuación, desearía presentar algunas citas de reconocidos investigadores sobre el tema de la vacunación:

Prof. Alice Wolf (Texas A & M University, Austin, Veterinary Proceedings, 1998):

A los niños y a los adultos no se les vacuna todos los años y tampoco se analizan sus niveles de anticuerpos séricos para ver si tienen suficiente inmunidad; la experiencia ha demostrado que es innecesario. Las vacunas humanas no son diferentes de las de los animales y el sistema inmune del perro y del gato tampoco es distinto del de las personas.

T.R. Philipps/R.D.Schultz (Kirk's Current Veterinary Therapy, 1992):

Existe una práctica, arraigada desde hace muchos años, que carece de toda validez o justificación científica: las revacunaciones anuales. Se puede afirmar que, prácticamente sin excepción, no existe una necesidad inmunológica de revacunación anual. La inmunidad contra los virus perdura muchos años o toda la vida del animal. La mayoría de las vacunas eficaces contra bacterias generan una memoria inmunológica que también perdura años

> y permite que el animal desarrolle una respuesta inmunitaria anamnésica en caso de estar expuesto a microbios virulentos...
>
> **Prof. Roland Friedrich, virólogo en la Universidad de Giessen (comentario realizado como invitado en una comisión de expertos):**
>
> Las revacunaciones anuales son innecesarias.
>
> **Prof. Uwe Truyen (entrevista en "El perro"):**
>
> ...es necesario evitar la vacuna de la Leptospirosis... también considero innecesaria la vacunación contra la tos de las perreras. El factor decisivo para la protección contra esta última no es realmente la vacunación, sino las condiciones en que viven los perros.

Desgraciadamente, parece que a muchos "gremios" no les conviene que se realicen los estudios científicos necesarios para cuestionar la validez de la práctica generalizada de las revacunaciones anuales: ni a los veterinarios, que no desean renunciar a una de sus principales fuentes de ingresos, ni a la industria farmacéutica, de la que no podemos esperar una actitud crítica; las universidades de medicina veterinaria tampoco tienen motivos suficientes para cuestionarse el programa de vacunaciones vigente, porque no disponen de los recursos económicos necesarios para realizar estas laboriosas y caras investigaciones.

¿De qué argumentos se valen los veterinarios frente a clientes críticos para defender la supuesta necesidad de la revacunación anual? La lista es larga y francamente quijotesca y abarca, desde sembrar el pánico por falta de protección contra las infecciones, como he mencionado anteriormente, hasta hacer hincapié en presuntas epidemias acaecidas anteriormente. Muchos colegas utilizan también el pretexto de no confiar en los estudios realizados en USA. Pero, en realidad, ni siquiera es necesario confiar en estudios realizados en Estados Unidos porque, entre tanto, algunas universidades alemanas (como la de Giessen) también están de acuerdo con las recomendaciones norteamericanas.

El argumento de que la vacunación anual ha contribuido a disminuir la incidencia de enfermedades graves como la parvovirosis y el moquillo, tampoco es válido: lo que realmente ha producido esta disminución es la vacunación básica, no las revacunaciones anuales. Vacunando todos los años, ni se alarga ni se intensifica la inmunidad. Eso es una pura invención de la industria farmacéutica. También es profesionalmente incorrecta la costumbre de muchos colegas de repetir la inmunización básica a perros y gatos que han sobrepasado el periodo de revacunación de un año. Es como si después de un año exacto la inmunidad de la vacuna hubiera desaparecido. Esta norma tan especial, dictada exclusivamente para la vacuna antirrábica en perros y gatos que viajan al extranjero, se aplica con toda tranquilidad a las demás enfermedades... por supuesto, ¡para beneficio del bolsillo del veterinario y de los accionistas de la industria farmacéutica!

La mejor protección para perros y gatos contra enfermedades graves es tener un sistema inmune fuerte. Esto se consigue, sobre todo, mediante una inmunización básica coherente, condiciones de vida adecuadas y una alimentación natural acorde con las necesidades de la especie. Las vacunas son medicamentos y, como tales, están sujetas a la siguiente afirmación: **no existe ningún medicamento sin efectos secundarios.**

¿Cuáles son los efectos secundarios más nocivos de las vacunas?

En primer lugar, habría que destacar posibles reacciones del sistema inmune, como el shock anafiláctico, por ejemplo, que es la forma más grave de reacción alérgica. Afecta a los órganos vitales y, bajo ciertas circunstancias, puede ser mortal debido a una insuficiencia circulatoria.

Otros efectos adversos pueden ser edemas, enfermedades cutáneas, picores y enfermedades autoinmunes (también de la glándula tiroidea), así como diarreas, vómitos, enfermedades del sistema nervioso o inflamaciones de nervios y parálisis y, naturalmente, los ya descritos sarcomas de vacunación.

Así como los sarcomas de vacunación siempre aparecen en el punto de inyección, evidenciando ser una consecuencia directa de la vacuna, otras enfermedades provocadas por las mismas son, con frecuencia, muy difíciles de relacionar con la vacuna que las originó. No obstante, mirando en retrospectiva, recuerdo algunos clientes que me han indicado que tal o cual enfermedad de su perro o gato comenzó poco después de vacunarlo o que todos los años, después de la vacunación, el animal ha manifestado ciertos síntomas. Aunque yo entonces no concedía alguna importancia a estos hechos, actualmente soy mucho más consciente de que, tanto perros como gatos, pueden desarrollar síntomas patológicos, especialmente alergias, a causa de vacunaciones inapropiadas.

La multitud de trastornos hormonales a los que nos estamos enfrentando con una frecuencia creciente, especialmente las patologías de la glándula tiroidea, debería hacernos reflexionar, y en lugar de recetar medicamentos más innovadores y supuestamente mejores cada día, sería conveniente que pusiéramos el énfasis en la prevención, en este caso, haciendo un uso más responsable de las vacunas. Un sinfín de enfermedades son de "fabricación casera". Desgraciadamente – o tal vez gracias a Dios – no tenemos ni idea de cuántas enfermedades provocamos nosotros mismos, los veterinarios.

A modo de guía, expongo un resumen de un plan de vacunaciones coherente para dueños responsables de animales de compañía:

Gatos

✓ ***Gatos que viven en el interior de una casa:***

¡Vacunar **únicamente** contra la panleucopenia felina!: es decir, realizar la inmunización básica (vacuna sin adyuvante, por ejemplo *Euri-*

fel P), que es una vacuna administrada en dos dosis a los cachorros. Si al poner la primera inyección el gato ya tiene más de 16 semanas de edad, es suficiente con una única dosis. La inmunidad dura toda la vida.

✓ *Gatos que salen al exterior:*

Vacuna de la panleucopenia felina como acabo de describir. Rinotraqueítis o gripe felina: la vacuna no protege contra la infección, únicamente suaviza los síntomas de la enfermedad. El efecto de esta vacuna, administrable en dos dosis a los cachorros, también perdura mucho tiempo, quizá toda la vida. Las revacunaciones no aumentan la inmunidad adquirida y en albergues de animales es muy probable que tampoco supongan ninguna ventaja. En estos lugares, los factores principales para preservar la salud animal son la higiene y la ausencia de estrés.

Leucosis: solo tiene sentido la vacunación de cachorros y animales jóvenes. Como en los casos anteriores, únicamente debe realizarse la inmunización básica (en dos dosis). La inmunidad dura para toda la vida. En el caso de gatos adultos, la primera vez también se realiza la vacunación en dos dosis; en agrupaciones numerosas de gatos, se debería analizar a los que se incorporan nuevos; para gatos que conviven estrechamente con congéneres infectados de leucosis, la vacunación no siempre es efectiva.

Rabia: solo se debe poner la vacuna antirrábica cuando es absolutamente indispensable (estancias en el extranjero). En ese caso, se debe usar una vacuna que inmuniza durante cuatro años (*Rhabdomun y Enduracell T*). No existen vacunas contra la rabia que no contengan adyuvante.

✓ *Vacunas de utilidad nula o casi nula para gatos:*

PIF (peritonitis infecciosa felina): esta vacuna casi siempre aumenta el riesgo de aparición de brotes de la enfermedad.

Clamidias: las clamidias están incluidas en muchas vacunas combinadas o polivalentes para gatos. La inmunidad que aportan es deficiente y conlleva un alto riesgo de efectos secundarios.

Hongo cutáneo: la vacuna contra los hongos cutáneos, aparecida recientemente en el mercado, acelera supuestamente la curación de esta enfermedad en gatos, pero si analizamos los casos de denuncias por efectos secundarios de vacunas, es esta vacuna, frecuentemente, la responsable. Los factores de riesgo que favorecen estas micosis son, esencialmente, el estrés y el hacinamiento de gatos en espacios reducidos. De cualquier modo, unas condiciones de higiene suficientes son más eficaces que esta sospechosa vacuna. Las experiencias de los clientes con este medicamento son, en su mayor parte, negativas.

Perros

En perros, solo tiene sentido vacunar contra el moquillo, la hepatitis, la parvovirosis y, en caso necesario, la rabia. Todos los perros deberían ser sometidos a la inmunización básica contra ellas. Aunque estas enfermedades ya no son frecuentes en Centroeuropa, no podemos renunciar a la vacunación contra ellas, debido a la venta ilegal de cachorros infectados en las autovías, procedentes de criadores sin escrúpulos de otros países, que pueden reintroducir estas enfermedades en esta zona. La vacunación de los cachorros en dos dosis les proporcionará inmunidad para toda su vida. No obstante, los veterinarios solo suelen tener en existencia vacunas múltiples, a pesar de que, en general, las vacunas polivalentes de siete u ocho enfermedades no son aconsejables. También existe una vacuna combinada contra el moquillo, la hepatitis y la leptospirosis, pero como la leptospirosis viene en una ampolla individual, se puede sustituir por agua destilada.

Desearía hacer otra observación respecto a la vacuna de la rabia: el riesgo de infección es sumamente reducido. Sin embargo, las personas que vayan a viajar al extranjero deben vacunar a su perro, para lo cual existe una vacuna que, legalmente, es válida para tres años (*Madivac*). Nunca se debe poner una vacuna antirrábica junto con otras vacunas y los cachorros no deben ser vacunados hasta haber cumplido, aproximadamente, los seis meses de edad (después de cambiar los dientes de leche).

✓ *Vacunas de utilidad nula para perros:*

Leptospirosis: estas vacunas protegen, en caso de hacerlo, solo contra dos especies de leptospiras, pero el riesgo de que aparezcan efectos secundarios es muy elevado.

Borreliosis: esta vacuna prácticamente no sirve para nada, ya que solo es efectiva contra especies de Borrelia que no existen en nuestras latitudes. Además, la vacuna contiene microorganismos íntegros causantes de múltiples efectos secundarios.

Tos de las perreras: enfermedad generada por una multiplicidad de microorganismos, por tanto, la vacuna es de utilidad limitada.

Coronavirus: recientemente se está empezando a vacunar alegremente contra los coronavirus, con el argumento de proporcionar una supuesta protección contra las diarreas. Pero el curso de esta infección es suave y de ninguna manera comparable con los efectos secundarios que provoca la vacuna. Por diversas razones, los expertos dudan incluso acerca de la hipotética inmunidad que proporciona la misma.

¿De qué recursos puede usted valerse como cliente, si su veterinario insiste en las revacunaciones anuales? Ciertamente, lo mejor que puede hacer es cambiar de veterinario. ¿Y si todos los veterinarios que ejercen por donde usted vive actúan igual? En ese caso solo puedo decirle que usted **no** está obligado a vacunar a su mascota. Solo **usted** tiene el derecho a decidir qué se pone a su perro o a su gato. ¡No se deje intimidar por cualquier argumentación improvisada! ¡Más bien pregunte usted al veterinario si él mismo se vacuna anualmente contra el sarampión, las paperas o la rubeola!

Antes de terminar este capítulo, me gustaría contarles un caso ocurrido en mi propia consulta:

La señora A. tenía una hembra de labrador de 16 años de edad. Esta perra, llamada Dora y ya bastante decrépita, tenía artrosis en las articulaciones y estaba enferma del riñón. Dora andaba como un caracol – en el mejor de los casos. En el año 2009, la señora A. tuvo que il repentinamente de viaje a Italia. Como yo no estaba en ese momento, fue a un veterinario vecino para que pusiera la vacuna antirrábica a su perra. Dora había "recibido" cada año, desde que era un cachorro, una vacuna octavalente, es decir, había sido vacunada 16 veces en su vida canina. Este colega leyó la cartilla de vacunaciones y dijo: "Seamos sensatos y, por si acaso, la vacunamos contra todo, porque ya han expirado todas las vacunas." La vieja Dora, cuya esperanza de vida era bastante corta, fue nuevamente maltratada con una vacuna octavalente. ¡Una semana después tuve que anestesiar a Dora por insuficiencia renal aguda! La señora A. estaba tan afectada que ni siquiera fue a protestar ante mi colega veterinario, a pesar del amargo sabor que le dejó esta experiencia.

Por último, estimados lectores, desearía mostrarles con un ejemplo, cómo la vacunación, que debería contribuir a eliminar las enfermedades infecciosas, puede llegar incluso a fomentarlas:

Donde más claramente se ha manifestado la ineficacia y, a su vez, lo peligroso de las llamadas "vacunas preventivas", es en la expansión epidémica de la fiebre aftosa del ganado. Hasta el año 1992 era obligatorio vacunar al ganado contra esta enfermedad que, junto con la BSE (llamada enfermedad de las vacas locas), está considerada como la más peligrosa y contagiosa en los rumiantes. Se manifiesta con ulceraciones en el morro y en los cascos. Todos los terneros mayores de cuatro meses debían ser vacunados anualmente contra la fiebre aftosa. En base a la comparación de la evolución de la enfermedad en países donde la vacunación era obligatoria respecto a países donde no lo era, se pudo constatar de manera inequívoca que la epidemia se expandía significativamente más deprisa en países con vacunación obligatoria que en países sin obligatoriedad de la misma. Desde 1991, en Alemania y Austria está permitido no vacunar contra la fiebre aftosa. Además, curiosamente, en los dos países se ha prohibido la importación de animales vacunados. ¿El resultado? ¡Desde entonces no ha habido ninguna epidemia más!

Las vacunaciones en masa contra la difteria y el sarampión en personas han impedido la desaparición de estas epidemias. Los brotes de difteria en Rusia (un país donde toda la población está vacunada), así como los brotes de polio en 13 estados "famosos por tener una población vacunada de pies a cabeza", demuestran que lo que ocurre en el mundo humano es similar a lo que ocurre en el mundo animal: las vacunas solo protegen mientras no haya posibilidades de contagio. Porque, cuando se declara una epidemia, los individuos vacunados y los no vacunados contraen igualmente la enfermedad. Y en el caso de enfermedades infecciosas contra las cuales se vacuna a la población, la propia práctica impide su desaparición (véase: "*Vacunas: el negocio con el miedo*", del Dr. Med. G. Buchwald – un libro muy recomendable, cuya lectura, especialmente en lo que respecta a los daños ocasionados por la vacunación en niños, provoca un impacto psíquico difícil de digerir).

La siguiente cita se ha extraído de este mismo libro (del prefacio del Dr. Med. Jürgen Birmanns):

> No me sorprende en absoluto que los pediatras exijan la obligatoriedad de la vacunación. En 1983 se suprimió la obligación de las vacunas infantiles en Alemania. Los términos "fatiga de vacunación" o "vacíos de vacunación" son armas psicológicas para intimidar y poner en evidencia a padres que tienen una actitud crítica respecto a este tema. El hecho de que una persona madura y con criterio decida conscientemente oponerse a una práctica médica arriesgada, debe ser respetado. Cualquier persona libre de prejuicios que indague un poco, llegará a la conclusión de que las enfermedades tienen ciertas causas. Y las causas son: la alimentación, el modo de vida o el medio ambiente. Con este presupuesto lógico como telón de fondo, es paradójico que los investigadores actuales estén creando vacunas contra el cáncer de cuello del útero, la hipertensión, la adiposidad y la dependencia de la nicotina… La vacunación en masa de personas sanas es un tema muy cuestionable. Los médicos deberían comprometerse mucho más con las medidas de prevención primarias.

En el ámbito de la medicina veterinaria, la discusión sobre la elaboración de una vacuna contra enfermedades como por ejemplo la adiposidad (obesidad), no se va a hacer esperar mucho tiempo…

ARTNATURAL
2011

Capítulo 5

Por qué la perra doberman Sandrina hace destrozos en casa

"Píldoras para la felicidad" y psicofármacos para perros y gatos

Sandrina es una perra doberman nacida en un prestigioso criadero de perros de raza. Los nuevos propietarios de la joven Sandrina, la familia B., siempre han tenido perros y poseen una gran experiencia en la educación de ejemplares de razas grandes. El predecesor de Sandrina nunca tuvo un comportamiento anormal o problemas de conducta. Sin embargo, con Sandrina las cosas van a ser muy diferentes.

Ya siendo un cachorro, resultaba insólito contemplar cuán desenfrenado e impulsivo era su comportamiento. Y todavía hoy es casi imposible dominarla y no hay modo de conseguir que se canse. Los hijos de la familia B. han establecido turnos para mantenerla entretenida e intentar encauzar, en la medida de lo posible, su exceso de energía. A los seis meses de edad, todavía hace sus necesidades en casa: cuando sale a pasear está "tan ocupada" y distraída consigo misma y con lo que tiene a su alrededor que olvida hacer sus necesidades. Tras interminables paseos, llega a casa y suelta todo en medio de la alfombra del cuarto de estar – ¡genial, por supuesto! Sus dueños la regañan, la agarran de la piel del cuello y la sacuden ligeramente, como hacen las perras cuando sus cachorros no les obedecen, o actúan con ella como aconsejan los buenos libros de educación canina: mostrándole desprecio durante un rato. Ninguna de estas medidas sirve para nada. Sandrina es absolutamente "inmune" contra cualquier medida educativa. Además, al observarla se tiene la curiosa impresión de que parece incapaz de relacionarse: es como si no pudiera establecer contacto directo con ninguno de los miembros de la familia. Cuando no está retozando, cosa bastante excepcional, parece apática y ausente. Tampoco le gustan los abrazos y los mimos de sus dueños, del padre, de la madre o de los niños; más bien se diría que le resultan verdaderamente desagradables. Sin embargo, tampoco es capaz de quedarse sola. Cuando sus dueños se ausentan, salta por encima de las mesas y las sillas, dejando huellas de su destrucción por toda la casa. Una buena parte del mobiliario da fe de ello: la familia B. ha quitado todas las alfombras de la casa y Sandrina misma se ha ocupado de eliminar las cortinas y destrozar todos los cojines que había en los sofás.

En la escuela de entrenamiento de perros, en seguida se dan cuenta de que Sandrina requiere una atención muy especial. Desconcierta tanto a las personas como a los otros once perros de su grupo. Es imposible acostumbrarla a caminar atada a la correa, porque salta, brinca y ladra sin parar, aterrorizando a todo el que está a su alrededor. Finalmente, han tenido que inscribirla a clases individuales, ya que es incapaz de subordinarse a un orden y pone nervioso a todo el grupo con su comportamiento desenfrenado. Las clases individuales que les han recomendado son muy caras para la señora B y su familia, además de no ser de gran utilidad porque el comportamiento de Sandrina no mejora en absoluto: en resumen, ¡muchos gastos y ningún progreso!

Lo que más molesta a la señora B., que ya ha criado y ha convivido con muchos perros durante años, es el aparente desinterés de Sandrina por ella. Mientras sus predecesores reaccionaban al tono de su voz y sabían exactamente cuándo se estaba dirigiendo a ellos o si el ambiente estaba tenso porque se habían comportado mal, Sandrina, por el contrario, no reacciona ante nada. La sensible interacción entre la dueña y el perro, tan importante en la educación canina para conseguir que éste se convierta en un compañero medianamente aceptable, no es posible en este caso. A Sandrina le da absolutamente igual quién está a su alrededor, ¡lo principal para ella es la acción!

La señora B. y su familia están muy descontentos con la situación: antes, los hijos se peleaban por salir a pasear con el perro; ahora, ninguno quiere ir porque los paseos son un martirio: Sandrina tira de la correa con tanta fuerza que casi los arrastra, salta y brinca por doquier y no obedece a ninguna orden. También es imposible llevarla suelta, porque no hace caso y echa a correr desbocada en cualquier dirección… En varias ocasiones, la señora B. ha tenido que ir a la perrera porque Sandrina, aparentemente desorientada, se había escapado y algún desconocido, tras encontrarla, la había llevado allí.

"A lo mejor está enferma", piensa la señora B. y la lleva a un veterinario para que la examine. La exploración es una auténtica pesadilla para la dueña, para el perro y para el veterinario. Sandrina se comporta como si hubiera enloquecido, no para de ladrar y salta por la consulta como si estuviera en el parque. Solo sedándola consiguen hacer una exploración a fondo y sacarle sangre. La señora B. también ha llevado una muestra de heces, ya que Sandrina es propensa a padecer diarreas y meteorismo.

Según el veterinario, los análisis de heces y de sangre son absolutamente normales y, por lo demás, Sandrina está completamente sana. Tal vez sea una perra un poco histérica y asustadiza, opina el veterinario, pero eso mejorará con la edad y mediante una "educación adecuada". Su consejo: la familia B. debería llevarla a una "buena" escuela canina.

Contra los problemas digestivos ocasionales que provocan síntomas como diarrea, gases y eructos frecuentes, el veterinario les suministra antibióticos durante una semana; para el exagerado apetito de Sandrina (Sandrina come tierra y heces de perros, incluida la suya propia), les receta un preparado mineral y vitaminas. "Ese problema lo tienen muchos perros", dice el veterinario, "son síntomas de deficiencias y no tienen nada que ver con el comportamiento anormal de Sandrina". El veterinario asegura que la extraña conducta de la perra se debe exclusivamente a que sus dueños la han maleducado. La señora B., desconcertada, se informa en varias escuelas caninas, donde siempre recibe la misma respuesta: ¡educación incorrecta!

A propósito: el veterinario no ha preguntado nada respecto a la alimentación. Sandrina ha comido, desde que era un cachorro, pienso industrial exclusivamente.

La señora B. siente remordimientos de conciencia y se culpa a sí misma y a su familia de lo que está ocurriendo. Pero, ¿qué es realmente lo que han hecho mal? Ella ha educado a Sandrina exactamente igual que a sus anteriores perros. Sandrina va a cumplir un año de edad y su comportamiento es cada día peor. La perra ya no es una alegría para la familia sino, más bien, una carga enorme. Además, sigue haciendo sus necesidades dentro de casa. Parece que no supiera distinguir entre el interior y el exterior. Por fin, deciden contratar a un educador de perros, privado y con experiencia, que toma a Sandrina bajo su tutela y comienza un entrenamiento intensivo. Todos los miembros de la familia deben participar en los ejercicios educativos, porque es imprescindible ser consecuente con ella. Según el entrenador, con esta perra todo ha salido mal. Dice que un animal tan impulsivo debería haber sido educado de otro modo. Según él, lo más importante ahora es seguir un programa diario consecuente y regular.

Después de algunas semanas, Sandrina no hace sus necesidades en casa tan a menudo, pero continúa exactamente igual en cuanto a la hiperactividad y falta de interés hacia sus dueños, la incapacidad de concentración y su tendencia destructiva. El entrenamiento realizado durante semanas no ha servido prácticamente para nada y el experto, finalmente, admite estar absolutamente perplejo con Sandrina: él ha conseguido reintegrar con éxito a muchos perros en la vida cotidiana de sus respectivas familias, simplemente siendo consecuente y paciente y haciendo uso de algunos consejos prácticos, impartidos en forma de unidades breves de entrenamiento progresivo.

Este experto trabaja con el sistema del experimentado entrenador canino Martin Rütter llamado "D.O.G.S." (*Dog Orientated Guiding System* = sistema de liderazgo orientado hacia el perro), con el que ha tenido éxito en la mayoría de los casos. ¿Por qué no con Sandrina?

La familia B., desesperada, está considerando la posibilidad de deshacerse de Sandrina, pero deciden llevarla antes a otro veterinario, para que la inspeccione nuevamente. Una vez más, obtienen el mismo resultado:

Sandrina está sana. Pero este veterinario les propone algo nuevo: existe un pienso especial que contiene aditivos de efecto sedante, elaborado para perros excesivamente activos y nerviosos.

La descripción del producto es la siguiente: *Calm* es el primer pienso a nivel mundial enriquecido con reguladores naturales del estrés: alfa- casocepina y L-triptófano… En la composición de *Calm*, desarrollada y probada científicamente, estos reguladores ayudan eficazmente a compensar el estrés en perros y gatos. A su vez, gracias a otros nutrientes cuidadosamente seleccionados, se combaten problemas asociados con el estrés, como falta de apetito, problemas digestivos y enfermedades del pelaje y la piel… Si comparamos este producto con los medicamentos tranquilizantes de administración oral, reconoceremos la ventaja de no tener que dar pastillas al animal, consiguiendo el efecto deseado simplemente con la ración de comida diaria. Así se comercializa este pienso. Naturalmente, de venta exclusiva en veterinarios y, como corresponde, a un elevado precio.

"Vamos a probar este producto", aconseja el veterinario, "y si no mejora, le daremos *Reconcile*, un tranquilizante para perros parecido a la *Retalina* que toman los niños hiperactivos". La familia B, desesperada, acepta cualquier opción que se le presente; por eso, compran el pienso especial y, por si acaso, también se llevan una caja de *Reconcile*. Este medicamento se comercializa en forma de pastillas masticables con sabor a carne de ternera. "Solo por si fuera necesario", piensa la señora B., "en caso de que el pienso resultara poco efectivo".

El pienso *Calm* contiene alfa-casocepina y L-triptófano. La alfa- casocepina aumenta la actividad de un neurotransmisor (el ácido gamma-amino-butírico), que tiene efecto inhibidor del estrés y el miedo. La alfa-casocepina es una proteína que se obtiene de la leche y una de las pocas sustancias naturales capaces de influir sobre el equilibrio del cortisol, combatiendo así el miedo. Este compuesto forma parte de muchos productos dopantes permitidos (como el *Vapronol T6*), que supuestamente ayudan a deportistas aficionados o de élite a minimizar el estrés de la competición y el estrés causado por un entrenamiento excesivo; también permite acortar la fase de recuperación después de realizar grandes esfuerzos. El triptófano, un componente de las proteínas animales, es el precursor de un neurotransmisor hormonal llamado serotonina, que proporciona sensación de equilibrio y tranquilidad. Sin serotonina, nada funcionaría en el cerebro; también la llaman coloquialmente "la hormona de la felicidad". La carencia de serotonina genera modelos de comportamiento anormal como, por ejemplo, disminución del autocontrol, falta de concentración y predisposición al estrés.

En Alemania, el L-triptófano sintetizado artificialmente (es decir, el precursor de la serotonina) y utilizado para el tratamiento de la depresión requiere receta médica, aunque los productos utilizados como tranquilizantes suaves o facilitadores del sueño que contienen triptófano pueden ser adquiridos sin receta. En Austria y en Suiza, por el contrario, el L-triptófano siempre requiere receta médica. Se han descrito algunos efectos secundarios, entre otros, cansancio diurno, vértigo (mareos) y dolores de cabeza. En USA la venta de L-triptófano ha estado prohibida hasta ahora, ya que puede causar una enfermedad mortal en la sangre llamada síndrome de eosinofilia-mialgia, EMS. Tras 1500 casos de esta enfermedad, en los que murieron 38 pacientes, el triptófano fue retirado del mercado. En Alemania, sin embargo, la sustancia volvió a ser permitida como medicamento en 1996, después de que la industria farmacéutica protestara por su prohibición, alegando el siguiente argumento: la enfermedad había sido provocada únicamente por el consumo de un producto fabricado por una empresa japonesa que, supuestamente, se había contaminado durante su producción. No obstante, posteriormente se ha comprobado que también ha habido casos de esta enfermedad tras haber consumido triptófano de otras marcas.

La siguiente cita ha sido extraída del boletín independiente "*Der Arzneimittelbrief*", nº 10/3:

> El triptófano es un ejemplo modélico de cómo un componente natural y esencial de los alimentos puede ser convertido en un medicamento potencialmente peligroso mediante el procesamiento industrial, la adición de reactivos químicos no naturales y una dosificación elevada.

También se desconoce aún la reacción del organismo ante un aporte de triptófano artificial durante un período largo de tiempo. En el laboratorio, el triptófano se biosintetiza a partir del mutante salvaje de una bacteria (E. coli). En definitiva, a los propietarios de animales se les están vendiendo productos que en medicina humana necesitarían receta, simplemente como aditivos del pienso y como si fueran sustancias absolutamente naturales. Creo que casi ningún propietario y casi ningún veterinario es consciente de lo que puede esconder un pienso bajo la ingenua etiqueta de "suplemento alimentario".

Por supuesto, el L-triptófano también está en los alimentos, especialmente en la carne, sin embargo, en ella se encuentra en su composición natural. Por ser un aminoácido de los llamados esenciales, debe ser ingerido con el alimento, es decir, el cuerpo es incapaz de sintetizarlo por sí solo a partir de otra sustancia. En una alimentación pobre en proteína animal, como ocurre con los perros alimentados a base de pienso seco, es fácil que se produzca una deficiencia de triptófano.

¿Por qué? El porcentaje de proteína declarado en la composición del pienso seco se alcanza principalmente mediante la adición de una cantidad considerable de proteínas vegetales y no mediante la adición de carne (proteína animal). Sobre todo, una proporción elevada de maíz, cereal muy pobre en triptófano, puede originar fácilmente una carencia del mismo.

Es muy significativo que el mencionado "pienso tranquilizante" contenga en su composición, en primer lugar, arroz y después, harina de pollo y maíz. Además de que la harina de pollo no es en absoluto carne, sino un subproducto de la industria avícola, nos encontramos con los cereales en primer y tercer lugar. ¡Qué barbaridad! No solo están convirtiendo a los perros en herbívoros, sino que, además, pretenden "revalorizar" un producto de ínfima calidad añadiéndole un suplemento alimenticio. Y, naturalmente, también revalorizan el precio. Pero de eso hablaremos más adelante.

El efecto de estas dos sustancias es comparable al del *Valium* (diazepam). O sea, ¡el pienso tranquilizante contiene directamente psicofármacos para perros! ¿Estamos siendo manipulados (especialmente por la publicidad) hasta el punto de habernos vuelto completamente acríticos e incapaces de percibir la perversión implicada en un producto como este?

Casi parece que, más bien, nos alegramos de que la industria de los piensos pueda ofrecernos hoy día "exitosos" piensos, adecuados para cada patología. Primero, hacen enfermar a nuestros animales con productos de pésima calidad y, acto seguido, nos presentan la hipotética solución en forma de suplementos alimenticios, que causarán nuevos síntomas en el futuro. De este modo, las empresas de piensos realizan eternamente la tarea de descubrir nuevos suplementos que supuestamente ayudarán a corregir los déficits provocados por ellos mismos. Entretanto, actualmente estamos viviendo en una sociedad en la que no solo los adultos estresados toman psicofármacos: miles de niños toman *Ritalin* (un veneno tranquilizante que crea dependencia) contra la hiperactividad y, ahora, nuestras mascotas empiezan a tener comportamientos cada día más anormales que también requieren una terapia. Y los veterinarios, colaboran.

Es un hecho que los trastornos de comportamiento en perros están aumentando. La profesión de "entrenador de perros" ha experimentado un verdadero auge y en muchas escuelas se ofrecen cursos especiales. En general, un entrenamiento adecuado y consecuente debería ser más que suficiente para conseguir educar a perros maleducados, de modo que se puedan adaptar a la rutina diaria de sus dueños y no se conviertan en tiranos de sus familias.

Entonces, ¿cómo es posible que cada día haya más perros como Sandrina, que se convierten en auténticos problemas para sus dueños? En nuestro caso, la dueña de Sandrina tiene experiencia en la educación de perros y cree haber hecho todo lo posible para educar bien a su perra. Y lo ha hecho – pero no ha tenido en cuenta una cosa: en medicina veterinaria, la hiperactividad en perros no se considera una enfermedad, sino únicamente un problema de educación. Sin embargo, cada día hay más perros que destrozan sus hogares con su comportamiento desequilibrado y martirizan a sus dueños. Por esa razón, el consumo de psicofármacos está aumentando considerablemente.

Tal vez observe usted cierta similitud entre lo expuesto y el creciente problema actual en el tema de la educación infantil. ¿No hay cada día más niños que tienen un comportamiento anormal, que irritan a sus padres y a todo el que los rodea con ataques de agresividad incontrolables, que no son capaces de concentrarse y que se comportan como auténticos autistas, incapaces de percibir lo que ocurre alrededor? En el caso de los niños, ya se ha comprobado que existe una relación causal entre la alimentación y su conducta. Ciertos componentes alimenticios pueden actuar como las drogas. La gravedad de los síntomas en enfermedades como el autismo, por ejemplo, puede ser mitigada mediante la eliminación de algunos productos. En niños hiperactivos se han conseguido mejorías notables mediante un cambio de alimentación.

¿Cómo es posible?

Imaginemos, por ejemplo, con qué rapidez el alcohol penetra en nuestro cerebro, produciendo los conocidos efectos sobre el sistema nervioso. Igual que el alcohol, otros componentes de la dieta pueden llegar, por vía sanguínea, a la cabeza, atravesar la barrera hematoencefálica y penetrar en el cerebro. Naturalmente, esto no le ocurre a todas las personas. En la mayoría de los casos, cuando la barrera mucosa entre el intestino y la sangre está íntegra, ciertas sustancias peligrosas, como los aditivos alimentarios, no pueden atravesarla y entrar en la sangre. Algunas personas, sin embargo, tienen la pared intestinal dañada: este cuadro patológico se llama síndrome de *leaky gut* (síndrome del intestino poroso). En este caso, las sustancias presentes en el intestino atraviesan sin obstáculos la barrera intestinal hacia el interior del cuerpo, llegando también al cerebro. Entre las sustancias sospechosas de causar el TDAH en niños (Trastorno por Déficit de Atención e Hiperactividad) se encuentran los colorantes artificiales alimentarios como, por ejemplo, la tartracina amarilla (E-102).

En estudios realizados en Australia en 1996, se demostró con evidencia absoluta que cuanto mayor era la dosis de tartracina consumida, más marcados eran los síntomas de la enfermedad. Algunos edulcorantes, como el aspartamo (*Cola light*), también pueden dañar el metabolismo cerebral. El aspartamo, como el glutamato, químicamente similar a él, puede dañar las células cerebrales a partir de cierta dosis, causando síntomas físicos como dolor de cabeza y escalofríos (entre otros muchos) y síntomas nerviosos como confusión, desorientación, trastornos del equilibrio y trastornos visuales.

Casi todo el mundo conoce el “síndrome del restaurante chino” causado, precisamente, por el glutamato: este potenciador de sabor, utilizado en cantidades ingentes en muchos de los alimentos preparados, también puede generar síntomas desagradables como hormigueo en la nuca, dolores de cabeza, náuseas, cansancio etc.

Es decir: los componentes de los alimentos, en especial los aditivos artificiales pueden, sin duda, provocar efectos neurotóxicos, perjudicando nuestro comportamiento. No es difícil imaginar que, cuando los mecanismos de transmisión química en el cerebro no están intactos, se produzcan trastornos de conducta. El comportamiento de Sandrina es comparable al de los niños que padecen TDAH. Como a ellos, es imposible tranquilizar a Sandrina, dirigirse a ella o intentar que se concentre en una tarea concreta.

Entretanto, muchas personas han oído hablar de la relación existente entre la alimentación y las enfermedades del sistema nervioso. Sin embargo, casi nadie tiene en cuenta el vínculo entre la alimentación industrial de nuestros perros y sus trastornos de conducta. Es decir, nos pasa desapercibido el factor “alimentación” como causa fundamental de trastornos psíquicos en mascotas. Y, sin embargo, es evidente que la alimentación industrial puede causar en perros sensibles una reacción del sistema inmune (alergia) que tendrá consecuencias sobre el funcionamiento del metabolismo cerebral.

Algunas alergias son bien conocidas entre la población por sus efectos sobre la piel (erupciones), el sistema respiratorio (asma) y el intestino (diarrea). Pero las alergias que causan trastornos de conducta nos resultan aún desconocidas. Como bien sabemos, las alergias son reacciones de hipersensibilidad del sistema inmune ante ciertas sustancias que, en personas no sensibilizadas, no generan daños, pero en individuos o animales sensibilizados pueden provocar graves problemas de salud. Siempre que ingerimos un alimento o contactamos con sustancias ajenas al organismo, éste tiene la tarea de “romper” las moléculas extrañas, para construir después, a partir de ellas, sus moléculas propias. Cuando este proceso de “transformación de lo extraño para elaborar lo propio” es dañado en alguna de sus etapas, aparecen las llamadas enfermedades del sistema inmune: las alergias. En general, los causantes de alergias suelen ser algunos componentes proteicos de los piensos industriales. Un alérgeno alimentario es normalmente una sustancia que no ha sido digerida íntegramente durante la digestión y ha conseguido entrar en la sangre, llegar al cerebro, atravesar la barrera hematoencefálica y penetrar en el tejido nervioso, afectando a las sustancias transmisoras de impulsos nerviosos (neurotransmisores), con las consecuentes alteraciones del comportamiento (por ejemplo, hiperactividad). Pero también aditivos alimentarios, como la ya mencionada tartracina, pueden producir efectos muy similares.

Volvamos a Sandrina, nuestra paciente criada exclusivamente a base de piensos industriales. Desde el principio, le dieron la marca utilizada por la criadora, para que no tuviera que acostumbrarse a un nuevo producto. Ya entonces deberían haber observado que tenía meteorismo, diarreas esporádicas, un apetito inusual y, además, ingería sus propias heces. La señora B. mencionó estos síntomas al veterinario, pero éste no relacionó en absoluto los problemas digestivos con el comportamiento de la perra. Tanto las diarreas y los gases, como la ingestión de las heces propias son las primeras señales de que un intestino no está funcionando bien. Precisamente la ingestión de las propias heces es un indicador de alteraciones de la flora bacteriana. Desgraciadamente, los veterinarios suelen interpretar este síntoma más bien como una carencia de minerales y vitaminas, por lo que sus tratamientos consisten en una suplementación de los mismos. Pero yo no conozco un solo ejemplo en el que, gracias a esta terapia, se haya producido una mejoría en la ingestión de heces. Además, ¿cómo es posible que la causa de esta costumbre sea un déficit de minerales y vitaminas, si los piensos industriales contienen incluso una mayor cantidad de minerales y vitaminas (sintéticas) de la necesaria? Curiosamente, muchas creencias erróneas como ésta se propagan de un veterinario a otro y perduran de manera férrea.

En el caso de Sandrina, desde que era un cachorro era obvio que padecía alguna alteración. Inicialmente llamaba la atención su alocado comportamiento y su incapacidad para concentrarse: debía de haber alguna sustancia que su organismo no toleraba. Sin embargo, la causa de su conducta anormal (el pienso industrial), no quedó demostrada hasta que Sandrina tuvo la posibilidad de recibir una alimentación adecuada a su especie: entonces sus síntomas mejoraron tan vertiginosamente que, en pocas semanas, se convirtió en una perra normal, por supuesto vivaz, pero no histérica. Ahora, Sandrina sale a pasear suelta con sus dueños: reacciona a sus palabras, es capaz de comunicarse con ellos con normalidad, no se escapa y sabe ir atada de la correa como cualquier otro perro.

Pero, analicemos el proceso paso a paso: ¿Cómo se puede haber producido una mejoría tan radical? La familia B. observó que, después de haberle dado el pienso tranquilizante durante tres semanas, la situación no había evolucionado positivamente. En casa, Sandrina estaba algo más tranquila, pero su comportamiento en la calle no había cambiado: cuando la llevaban atada de la correa, aún estaba histérica y saltaba como una cabra. Al ver que nada había mejorado, volvieron a darle el pienso normal habitual y una pastilla tranquilizante diaria de *Reconcile*. Con este medicamento, pasaba todo el día apática, cuenta la señora B., "como si estuviera en otro mundo".

Este es el estado en que se encuentra Sandrina cuando viene a mi consulta por primera vez. Es una perra preciosa. Lo que más me sorprende es la incapacidad total de respuesta de este animal. Le da exactamente igual que le griten o se intente atraer su atención de otro modo. No reacciona en absoluto. La comparación con un niño autista, incapaz de percibir el medio que le rodea, es muy tentadora. Cuando me traen a Sandrina, ya ha tomado R*econcile* durante un mes. Este medicamento con un nombre tan atractivo, contiene el mismo principio activo que el *Prozac* de la medicina humana, conocido en Europa bajo el nombre *Fluctin* y actúa sobre el metabolismo cerebral manteniendo una concentración elevada del neurotransmisor serotonina en las conexiones neuronales. La US-Food and Drug Administration (FDA) autorizó a la empresa farmacéutica Eli Lilly la venta de este producto, adaptado para su uso en perros y con sabor a carne de ternera.

Las opiniones de los veterinarios acerca del uso de *Prozac/Reconcile* son divergentes. Unos opinan que los psicofármacos para perros solo deben ser recetados en casos excepcionales, como, por ejemplo, el día de año nuevo, debido al pánico que tienen estos animales a las innumerables explosiones de petardos, o en diversas situaciones de emergencia. Otros, entre los que abundan los veterinarios especializados en alteraciones de comportamiento, defienden que sean utilizados de un modo más generalizado, argumentando que *Reconcile* reduce los comportamientos destructivos, el miedo a separarse de los amos y la costumbre de ladrar constantemente de los perros miedosos.

El periódico "*The economist*" estima que en USA el mercado de psicopíldoras para animales alcanza un volumen de negocios anual de un billón de dólares. Entretanto, entre el 10-20% de los perros en Norteamérica toman psicofármacos porque destrozan el mobiliario de sus casas, hacen sus necesidades en ella y ladran o aúllan constantemente cuando se quedan solos. Estos síntomas, según parece, desaparecen fácilmente con *Reconcile*. La empresa farmacéutica que lo fabrica ha abierto un departamento especial de medicamentos para animales domésticos. En realidad, lo único que hacen es adaptar para uso veterinario medicamentos concebidos para utilización en medicina humana.

Antes no existía un mercado para este tipo de productos. Sin embargo, en la actualidad, cada día hay más personas dispuestas a pagar dinero por los psicofármacos para sus mascotas. Naturalmente, la industria farmacéutica se ha percatado de ello enseguida.

Entretanto, también ha salido al mercado un "quemagrasas" para perros, *Slentrol*, de la empresa Pfizer. El *Slentrol*, inicialmente concebido para uso humano, no fue autorizado, debido a los graves efectos secundarios que provocaba. A propósito, para nuestros animales caseros, los laboratorios comercializan muchas veces compuestos preexistentes que no habían superado los exámenes correspondientes para su uso en humanos (como el *Slentrol*, por ejemplo), en una combinación modificada o, simplemente, actualizan productos en su composición original. El departamento de mascotas de Eli Lilly quiere testar en el futuro una amplia gama de principios activos para "curar" enfermedades en mascotas, especialmente la obesidad. De este modo, algunos principios activos pueden ser "reutilizados" con gran rentabilidad. Naturalmente, también es necesario crear el mercado correspondiente que lo va a consumir, pero esto no representa ningún obstáculo para la industria, ya que se viene practicado con éxito en medicina humana desde hace años: primero aparece el medicamento y después se crea el mercado correspondiente. (Véase, por ejemplo, la reducción de los límites aceptados como normales del llamado "colesterol malo" o la flexible normativa relativa a la densidad ósea o a la tensión sanguínea. En realidad, se establecen arbitrariamente nuevos márgenes "normales" de referencia, "por pura conveniencia", casi siempre orientados según "estudios" realizados por la industria farmacéutica que produce el medicamento correspondiente. Así se consigue que cada día haya más personas que sobrepasen los valores "normales" y se conviertan en población que requiere tratamiento, es decir, que necesita el medicamento en cuestión) ¡Excelente, así nacen los nuevos mercados...!

Prozac, el ISRS original (Inhibidor Selectivo de la Recaptación de Serotonina), consiguió modificar radicalmente la imagen entonces dominante entre la población acerca de la depresión. En tan solo una década (finales de los ochenta a principios de los noventa), se creó un mercado mundial para el ISRS de 19 billones de dólares, cuando estos antidepresivos sintonizaron con la mentalidad reinante del momento y adquirieron una connotación positiva en la sociedad, mostrando su efectividad para trastornos del apetito, de la sexualidad, miedos, depresiones y problemas postraumáticos. Su espectro de actuación fue ampliado, además, al vasto campo de los trastornos ligeros del estado general, como falta de motivación o autoestima reducida. Los adolescentes los tomaban para sus problemas amorosos, los managers contra la fatiga, y las amas de casa desatendidas lo utilizaban como remedio contra la frustración.

Prozac se convirtió en la "píldora de la felicidad", socialmente reconocida y altamente elogiada por los medios. Sin embargo, a mediados de los años noventa quedó claro que la toma de *Prozac* provocaba cambios masivos en la personalidad y se hizo evidente la relación entre Prozac y el aumento de suicidios. Precisamente a Eric Harris, el chico de 18 años que disparó en 1999 a doce estudiantes y un profesor en la masacre escolar de la Columbine High School en USA, le habían recetado un ISRS. Ann Blake, autora de "*Prozac: ¿panacea o pandora?*" dijo en una entrevista realizada para el "*Daily Express*": "Siempre que hay un tiroteo en una escuela, al final se descubre que este medicamento estaba implicado en el suceso". También fue subestimada en ese momento la sintomatología que aparece tras la retirada del medicamento. Aparentemente, no se había aprendido mucho de los problemas acaecidos tras la privación del Valium y los llamados "benzos". Una de las consecuencias de su consumo eran graves efectos secundarios como debilidad, agotamiento, náuseas, hipertensión, vértigos y nerviosismo. Pero al suspender la administración del medicamento, los pacientes sufrían excitación, desorientación, miedo y ataques de pánico fulminantes.

Después de muchos procesos judiciales y de que los medios de comunicación ejercieran una gran presión (una multitud de afectados se ofreció a declarar públicamente), la empresa farmacéutica Eli Lilly retiró *Prozac* del mercado. ¡Y ahora reaparece de nuevo en forma de pastillas tranquilizantes para nuestros perros, que son recetadas a la ligera y sin el menor espíritu crítico! Si su veterinario desea recetar *Reconcile* a su perro, pregúntele si conoce el medicamento *Prozac*. O tal vez sea mejor que no le pregunte porque, lo más seguro es que no quiera saberlo.

Volvamos a Sandrina y su sanación: cuando la desesperada familia B. me la trajo por primera vez, tenían el propósito de dársela a alguien o, incluso, eutanasiarla. Habían perdido la esperanza de que pudiera mejorar y no estaban dispuestos a tener un perro tomando "psico-píldoras" de por vida.

Sin embargo, a pesar de lo complicado que parecía el pasado de Sandrina, ¡la solución fue bien sencilla! Tuvimos que acostumbrar a Sandrina a la alimentación tipo BARF (en español ACBA, Alimentación Cruda Biológicamente Adaptada a la especie). La familia B. comprendió la necesidad de evitar rigurosamente la ingestión de alimentos de fabricación industrial. Es decir, ni golosinas para perros, ni galletitas de perros, ni salchichas: nada que pudiera contener aditivos de ninguna clase. Sandrina debía comer huesos con mucha carne. Masticar esos huesos y conseguir comerlos la mantenía entretenida durante horas.

Y ¡qué sorpresa!, la readaptación a la carne cruda y la verdura también produjo una mejoría de su estado físico general. Después de realizar un saneamiento de su intestino y de reconstruir su flora intestinal, las diarreas y los gases desaparecieron por completo. La desagradable costumbre de comer sus propias heces mejoró también, aunque no desapareció completamente.

Francamente, al inicio del tratamiento yo misma tuve ciertas dudas acerca de la curación de Sandrina. Pero ahora, tres meses después, tras haber mantenido varias conversaciones telefónicas con sus dueños durante este período, he vuelto a ver a Sandrina en la consulta por segunda vez. Como ya he comentado, se ha integrado en la familia. Aún sigue siendo un perro animado y activo, pero ya es capaz de establecer contacto y comunicarse con sus dueños. Todos se manejan bien con ella y han abandonado la idea de deshacerse de ella o anestesiarla. ¡Un auténtico *happy end* en el último minuto!

Desgraciadamente, no todos los casos parecidos o iguales tienen un final tan feliz. La razón suele ser, desgraciadamente, la terquedad y la comodidad de los dueños. Muchos propietarios de animales aún no son conscientes de que gran parte de los trastornos de conducta en perros son debidos a errores en la alimentación. Y eso también es comprensible porque, ¿cómo podrían haberlo oído los dueños, si ni siquiera los propios veterinarios han querido o podido aceptar estos conceptos dentro de su repertorio…?

Además de una alimentación y una educación inadecuadas existen, naturalmente, muchos otros factores que pueden generar trastornos de comportamiento. Hay un número no insignificante de perros (especialmente en las ciudades) que, además de estar alimentados incorrectamente, no llevan un estilo de vida acorde con su especie. Si un perro ha de quedarse solo durante horas y todos los días en una vivienda pequeña, si el paseo habitual se limita a unos minutos andando por asfalto y los paseos largos solo son posibles los fines de semana, en el mejor de los casos, no es en absoluto extraño que el número de perros perturbados esté aumentando constantemente. Además, a la mayoría de los perros actualmente no se les encomienda ninguna tarea. Así como los perros, antiguamente, eran necesarios para la caza, para buscar huellas o rastros, para proteger rebaños etc., hoy día carecen de cualquier tipo de ocupación, sobre todo en las ciudades. Más aún: los perros son animales que viven en manada, es decir, no están hechos para quedarse solos. Tienen un olfato altamente sensible y un oído finísimo. Pensemos en el ruido y en los olores a los que estamos expuestos diariamente... ¿qué efecto tendrán sobre sus finos olfatos y oídos? – y, peor aún, ¡estando condenados a "vegetar" íntegramente en el artificial mundo de la gran ciudad, sin naturaleza y sin libertad!

Sin duda, estos factores también contribuyen a la aparición de conductas anómalas en nuestros perros. Pero, desde luego, una cosa es cierta: los piensos con aditivos tranquilizantes y los psicofármacos no son la solución del problema. En lugar de recetar cada día una pildorita nueva, nuestra tarea como veterinarios es indagar sobre el porqué de tales comportamientos antes de su aparición y, más bien, centrar nuestra atención en la prevención, es decir, en el correcto asesoramiento de los dueños sobre la alimentación y el mantenimiento adecuado de estos animales.

ANTIBIÓTICOS
PÍLDORAS
CÁPSULAS
POR SI A CASO
+ BONO
PARA EL BUCEO EN TENERIFE
QUO
VADIS
CON BILLETE
DE LOTERÍA
ARTNATURAL
2011

Capítulo 6

Envenenado por el veterinario. El calvario de un cachorro de gato

El uso descontrolado de antibióticos y cortisona y el bombardeo con antiparasitarios y otros productos

Imaginemos: usted tiene un gato de tres meses de edad, sano y juguetón; un buen día, observa que tiene una calva en la cabeza de aproximadamente 1,5 cm de tamaño. En realidad, parece una excoriación inofensiva, pero como usted tiene sus dudas, prefiere cerciorarse y acude a una consulta veterinaria. Tras inspeccionar la herida, el veterinario recomienda hacer un raspado y enviarlo al laboratorio. Sospecha que podría tratarse de una infección cutánea, una alergia o una micosis. Así pues, como medida profiláctica hasta que lleguen los resultados del laboratorio, el veterinario le receta antibióticos para los diez próximos días por si acaso fuera una infección bacteriana (*Baytril*), pastillas fungicidas, por si se trata de hongos y, además, una pomada de cortisona, por si fuese una alergia. También le recomienda bañar al gato con un champú medicinal. Según el veterinario, con las medidas tomadas se puede esperar tranquilamente hasta que lleguen los resultados del raspado. El precio de la consulta asciende a 130 euros, costes de laboratorio no incluidos.

En casa, usted procede a bañar al gato con el champú, lo cual se convierte en una tarea casi imposible: se defiende con todas sus fuerzas, araña y muerde por doquier y, de este procedimiento, sale usted con varios arañazos profundos. Por naturaleza, a los gatos no les gusta la sensación de estar empapados... usted mismo acaba de comprobarlo. Aún le falta darle sus dos pastillas diarias. Una de antibióticos, entera, y un cuarto de pastilla antimicótica. No es fácil introducir pastillas en las fauces de un gato, pero, tras varios intentos fallidos, el gato lo escupe todo, consigue engañarlo con ayuda de una salchicha de hígado para untar. ¡Ya tiene la pastilla dentro! Al cabo de unos días usted ha adquirido verdadera práctica en administrar pastillas. Constantemente se le ocurren nuevos trucos.

Sin embargo, después de haberle dado las pastillas durante cinco días, le parece que su gato tiene peor aspecto que antes: está despeluchado y, además de no comer prácticamente nada, lo poco que come es vomitado a continuación. Por si fuera poco, tiene una diarrea maloliente y hace sus deposiciones en el cuarto de estar. Por supuesto, usted no lo regaña por eso, ya que sabe que, a causa de la diarrea, no le da tiempo de llegar a su arenero. Realmente, no queda ni rastro del vivaz animalito que usted tenía hace poco: está muy débil y se ha convertido en un saquito de miseria. Naturalmente, vuelve al veterinario, donde ponen un goteo intravenoso a su gato y le inyectan un producto para abrirle el apetito. Entretanto, el laboratorio ha enviado el resultado del raspado: ningún indicio de que haya un proceso alérgico y tampoco de la existencia de hongos; en caso de que haya un crecimiento en los próximos días, se les informará inmediatamente (algunos hongos necesitan más tiempo para crecer). El veterinario le inyecta un medicamento para frenar la diarrea, con el consejo de volver al día siguiente en caso de no observar ninguna mejoría. La factura, esta vez con el precio del análisis incluido, asciende de nuevo a 130 euros.

Al día siguiente, el gato no solo no ha mejorado, sino que ha empeorado. Usted decide cambiar de veterinario pero, esta vez, lo que lleva es un animalito realmente enfermo, despeluchado y apático. Por suerte, en esta ocasión su elección ha sido más acertada. El nuevo veterinario le revela con toda honestidad que están envenenando a su pobre gato, despacio pero seguro, con los medicamentos que le han dado. Temiendo que incluso pueda morir, le ponen una infusión intravenosa con protectores hepáticos, ya que los valores de hígado en sangre son altísimos y el animal sufre una fuerte deshidratación. Después del procedimiento, le aconsejan llevarse el gato a casa, forzarle a comer y retirar inmediatamente toda la medicación prescrita anteriormente.

El veterinario le explica que *Licudén*, el fármaco anti fúngico administrado al gato, contiene un principio activo llamado *Griseofulvina* que puede causar graves daños en hígado y riñón. En efecto, en el prospecto se advierte que los cachorros de gato no deben tomarlo, ya que lo eliminan muy lentamente y pueden sufrir graves efectos secundarios. Como efectos colaterales se mencionan, entre otros: náuseas, vómitos, diarreas y daños hepáticos. Varios de estos síntomas le resultan bastante familiares...

Pasados unos días, y después de someterlo a varias infusiones intravenosas más, su gato se encuentra en mejor estado. La flora intestinal, gravemente dañada a causa de los medicamentos (especialmente de los antibióticos), también se ha regenerado y la diarrea ha desaparecido. Por supuesto, aún no se puede predecir si, a largo plazo, podrán aparecer otros efectos secundarios tardíos. Por cierto: de la calva y la llaga excoriada, por la cual acudió usted al veterinario por primera vez, no queda ni rastro. El resultado del test de hongos realizado por el primer veterinario también fue negativo, incluso el obtenido tras un periodo más largo de tiempo. Es decir, los hongos también quedan descartados como posible causa de la afección cutánea.

Estimados lectores: estarán ustedes pensando que este ejemplo es exagerado. Desgraciadamente, no lo es: es una historia real y un excelente ejemplo del uso masivo de medicamentos que se hace en las clínicas veterinarias. Tal vez se actúe así por temor o por la inseguridad de no estar previniendo todos los riesgos que se puedan presentar, dejando pasar por alto algún factor importante (esto les sucede especialmente a los colegas jóvenes); o, tal vez, por meros intereses económicos, para convertir casos absolutamente inocuos en pacientes lucrativos. En ambos casos, nuestros pacientes pagan con su salud, lo cual, según mi opinión, delata una falta de profesionalidad manifiesta en el gremio.

En estos temas, sin embargo, los veterinarios no estamos solos: los médicos humanos también recetan con frecuencia antibióticos de manera incontrolada e innecesaria. A continuación, muestro un extracto de la "AOK Clarimedis" (escrito por un consejero de salud de la seguridad social AOK de Alemania): el consumo frecuente y generalizado de antibióticos casi siempre está contraindicado.

> La mayoría de las infecciones banales son causadas por virus. ¡Los antibióticos no combaten a los virus! Pero muchos pacientes con infecciones gripales y tos desean que su médico les "recete" algo. En un estudio realizado en el año 2007, los científicos de la universidad de Düsseldorf llegaron a la conclusión de que el 40% de todas las recetas de antibióticos prescritas en casos de enfermedades respiratorias eran innecesarias, ya que el propio sistema inmune del individuo podría combatirlas fácilmente. La ingestión incontrolada de antibióticos fomenta la aparición de resistencias bacterianas y daña la flora intestinal, hasta el punto de causar colitis asociada a antibióticos [N.d.A.: o sea, inflamación de la mucosa intestinal debida al consumo de los mismos].

Analicemos con más detalle el caso ilustrativo de nuestro gato: en lugar de esperar y observar cómo se desarrollaba esa "excoriación", que en nuestro caso resultó ser absolutamente inofensiva, el animal fue bombardeado con química. Sin embargo, el mayor interrogante sigue siendo, fundamentalmente, por qué se le recetó un antibiótico. Los antibióticos sirven para combatir bacterias patógenas y las infecciones bacterianas suelen estar acompañadas de fiebre, inflamación, enrojecimiento y, eventualmente – según la zona del cuerpo afectada –, con dolores agudos y empeoramiento del estado general del animal. En nuestro caso, el gato no presentaba ninguno de estos síntomas.

Muchos veterinarios recetan antibióticos, a pesar de los innumerables efectos secundarios que conllevan, como si fueran caramelos para la tos. Cualquier rasguño, cualquier alteración de la piel, aunque sea mínima, cualquier pequeño dolor, lo combaten así… es como matar moscas a cañonazos. En realidad, se abusa de la preocupación de los clientes por la salud de sus mascotas, haciéndoles creer que, si no les dan un medicamento, serán responsables de que no se curen, empeoren o incluso mueran. Por supuesto, no se les ofrece ninguna otra alternativa y, según parece, a nadie le interesa el hecho de que los antibióticos: primero, sean muy caros; segundo, puedan generar resistencias; y, tercero y aún más importante, puedan provocar efectos secundarios. Gracias a mi experiencia como asistente de otros profesionales y a informes de colegas más jóvenes, sé de muchas consultas en las que se trabaja como acabo de referir. El primer asidero al que se aferran los veterinarios cuando reciben a un paciente es el de los antibióticos y la cortisona y, generalmente, recetan además pastillas para continuar los tratamientos en casa. Las consecuencias de la ingestión de antibióticos se manifiestan directamente en los daños sufridos por la flora bacteriana intestinal. No obstante, las diarreas que aparecen después de estas terapias no suelen ser consideradas como un síntoma relacionado con el tratamiento de antibióticos, sino como una nueva enfermedad que debe ser tratada con otro producto químico. Por desgracia, después de una cura, necesaria o no, con antibióticos, muy pocos veterinarios intentan regenerar la flora fisiológica con suplementos de bacterias simbióticas intestinales.

Como ya he comentado, los medicamentos, en general, y los antibióticos, en particular, son muy caros. El precio de estos tratamientos depende del peso del animal y asciende, en el caso de un perro de aproximadamente 30 kg de peso medicado durante diez días, a unos 60 euros para el veterinario o al doble para el público. Los representantes farmacéuticos se frotan las manos al ver el rápido aumento en el consumo y la venta de antibióticos y otros medicamentos, con el correspondiente aumento de los beneficios, también para el veterinario, naturalmente. ¿Quiere esto decir que nosotros, como profesionales, debemos estar orgullosos de recetar cada día más medicamentos, aumentando nuestros beneficios y los de la industria farmacéutica o significa que la necesidad real de los mismos ha aumentado?

Dudo mucho que la necesidad real de medicamentos hoy día sea mayor que en el pasado, pero es indiscutible que la frecuencia con la que se recetan ha aumentado, ya que los veterinarios dan antibióticos a casi todos sus pacientes, independientemente de que los necesiten o no. Puede que algunos lectores no estén de acuerdo conmigo argumentando que, hace tiempo, los dueños de animales no concedían tanta importancia a la atención veterinaria como se hace actualmente, lo cual podría justificar el aumento actual en el consumo de medicamentos. Es cierto que hoy día se visita al veterinario con mayor frecuencia que antes, pero, no cabe duda de que en los últimos diez años [N.d.T.: en Centroeuropa] no ha cambiado tampoco de forma radical el comportamiento de los dueños respecto al cuidado de sus animales. Sin embargo, el uso y el abuso de los medicamentos, sí.

Un extracto del "*Kongress-Spiegel*", edición 03/2006 del Dr. Martin Schneidereit, director gerente de la Asociación Federal para la salud Animal e.V. :

> En cuanto a los antiparasitarios, se ha producido un aumento considerable en las ventas: la comercialización de medicamentos veterinarios ha generado beneficios, con una subida del seis por ciento en el año 2005, por ejemplo. Los responsables de este resultado tan satisfactorio son, en concreto, los productos para animales de compañía y el segmento de los antibióticos. El mercado de las vacunas también se ha recuperado ligeramente, tras un año tan deficitario como el pasado, habiendo experimentado un crecimiento del dos por ciento. Este índice, sin embargo, se debe únicamente a algunas vacunas innovadoras.

Los índices desglosados son los siguientes:

Anti-infecciosos (especialmente antibióticos):	+ 8,8% (172 millones de euros)
Especialidades farmacéuticas:	+ 3,4% (151 millones de euros)
Biológicos:	+ 2,0% (139 millones de euros)
Antiparasitarios:	+ 10,5% (97 millones de euros)

¡Estos índices de crecimiento son el balance "positivo" de estrategias de venta consecuentes! No niego que esto sea deseable en otras ramas de la economía, pero cuando las estrategias afectan a la salud de nuestros animales, ¡es una evolución alarmante!

Yo, personalmente, no receto antibióticos prácticamente nunca, pero cuando considero imprescindible hacerlo, entonces los administro inyectados, obteniendo excelentes resultados. Naturalmente, los laboratorios farmacéuticos y los veterinarios prefieren pastillas, por ser la presentación más lucrativa de los antibióticos. El cliente paga un precio más alto por 10 pastillas para administrar en casa que por una sola inyección. Además, la mentalidad de nuestros clientes se va pareciendo a la de los pacientes humanos, exigiendo a los veterinarios que les "receten algo" para su animal; es decir: muchos dueños se sienten defraudados si salen de la consulta sin un producto en el bolso.

Incluso en el caso de enfermedades poco importantes, muchos clientes solicitan un tratamiento médico y, en general, no está bien visto decirle al dueño que lo mejor es esperar. Se exigen pastillas porque se ha divulgado la creencia de que las pastillas sirven para todo…

A continuación presento un típico "grito de ayuda" del propietario de un perro, extraído de un foro de animales en internet:

> Mi perro (eurasiático, 10 años) sufre colitis (inflamación del intestino grueso) desde hace dos años. Ha tomado demasiados antibióticos (a causa de infecciones parasitarias). Ya he probado varios piensos dietéticos. También he ido a varios veterinarios, de momento voy por el séptimo, uno del centro de salud animal en B. Le están poniendo cortisona desde hace tres semanas, pero su estado no mejora. Durante uno o dos días sus deposiciones son normales y después vuelven a estar manchadas de sangre o incluso muestran gotas visibles. Estoy desesperado y no sé qué más puedo hacer.

En internet se pueden leer innumerables peticiones de ayuda de este tipo. A mi consulta también acuden cada día más casos similares a este. Pero lo incomprensible de todo esto es que haya tan pocos veterinarios que se preocupen por descubrir la causa del aumento evidente en la frecuencia de ciertas enfermedades. ¿No se le ocurre a nadie considerar la posibilidad de que nosotros mismos, los veterinarios, seamos los causantes de tantos sufrimientos innecesarios?

El argumento de que nuestros perros y gatos viven cada día más tiempo gracias a los avances de la medicina veterinaria de hoy día, es incorrecto. Exactamente igual que entre las personas, el aumento de la esperanza de vida se debe especialmente a las mejores condiciones higiénicas y al mejor suministro general y, solo en segunda instancia, es debido a logros médicos. Exceptuando unas pocas especialidades, como por ejemplo la cirugía de accidentes, en el ámbito de las enfermedades crónicas en medicina humana (cáncer, reumatismo, artrosis... por nombrar solo algunas), no ha cambiado esencialmente nada desde los años setenta. En medicina veterinaria ocurre exactamente lo mismo. Continuamente están apareciendo nuevos medicamentos en el mercado, supuestamente pioneros que, en realidad, se diferencian poco o nada de los ya existentes.

Quizá la media de edad actual de nuestros perros y gatos sea mayor que antaño (según las nuevas estadísticas) – pero, de todos modos, nuestros animales caen enfermos con más frecuencia que antes y durante más tiempo. Desde mi niñez ha habido perros y gatos en mi familia y no recuerdo que ninguno de ellos tuviera una enfermedad crónica. Concretamente, todos nuestros perros llegaron a cumplir 15 años sin padecer enfermedades. En cuanto a los gatos (nuestro tío tenía una granja muy grande), si no sufrían un accidente al principio de su vida o morían por alguna de las epidemias recurrentes de panleucopenia, llegaban a ser muy viejos. No había enfermedades metabólicas como la diabetes, el Morbus Cushing o las enfermedades crónicas de las articulaciones.

El crecimiento exponencial de las enfermedades crónicas en los últimos veinte años es muy significativo. Los lectores más críticos contra mis argumentaciones alegarán que antes no se disponía de la tecnología adecuada para la detección de algunas enfermedades. Por supuesto que no, pero entonces tampoco era necesaria. Solo a raíz del aumento explosivo del número de animales enfermos, se refinaron los métodos de detección, precisamente debido a la creciente necesidad de disponer de técnicas de reconocimiento cada vez más exactas. Entre tanto, hemos llegado a un punto en el que las enfermedades "se inventan", simplemente para poder vender los medicamentos correspondientes.

Hace poco, leyendo un artículo en una revista de medicina veterinaria ("*Vet-Journal*", la revista de los veterinarios austríacos, mensualidad 05/2010), me quedé tan asombrada que no daba crédito a mis ojos: "disfunción cognitiva" –así han bautizado la nueva enfermedad. "Disfunción cognitiva" significa, simplemente, que nuestras mascotas, cuando envejecen, no tienen tanta resistencia física y psíquica como cuando eran más jóvenes. ¡O sea, hacerse viejo se ha convertido ahora en una enfermedad seria para los perros! Y, contra ella, por supuesto, ha aparecido la solución correspondiente: una "fuente de juventud para los perros ancianos".

Esta grave enfermedad ha sido descubierta, ¡cómo no!, por una de las empresas de piensos más conocidas: ¡Nestlé Purina! En sus experimentos, la empresa presume de haber descubierto la ventaja de añadir "triglicéridos de cadena media" en la comida de los perros ancianos. Dicen que estas moléculas frenan el proceso de envejecimiento cerebral. Para ello, deben empezar a ingerirlos a partir de los siete años. Por supuesto, la empresa ha fabricado rápidamente el pienso en cuestión y, ¡cómo no!, se llama *Anti-Age*. Aquí expongo una cita del artículo correspondiente:

> Nestlé Purina ha demostrado, en el marco de amplios experimentos y pruebas cognitivas (test de orientación, test de inversión egocéntrica y test de curiosidad), que los perros alimentados con TCM (ácidos grasos de cadena media) experimentan mejorías considerables en los siguientes ámbitos: 1) memoria y grado de interactividad, 2) capacidad de adaptación y superación, así como asimilación de nuevos conceptos y 3) margen de atención y vigilancia, y viveza. También es posible que la alimentación con TCM produzca efectos positivos en perros que padecen disfunción cognitiva de grado leve a moderado, aunque este punto aún debe ser confirmado. La alimentación con piensos que contengan *Anti-Age* es una posibilidad efectiva para retrasar la aparición de

> las repercusiones cognitivas del proceso de envejecimiento e influir globalmente sobre la calidad de vida – no solo del perro sino también de sus dueños. *Pro Plan Senior* y *Original* con *Anti-Age* es la solución alimenticia para todos sus pacientes mayores.

¿Existen compañeros de profesión que, sinceramente, puedan creerse esto? Según parece, sí. De lo contrario, no existirían ni el artículo ni el producto. El concepto de *anti-aging* le resulta familiar a muchas personas, entonces, ¿por qué no hacer el agosto bien hecho con las mascotas y con el producto correspondiente? Lo que más me asombra es que los veterinarios se dejen convencer por un disparate de este calibre y se conviertan en auténticos cómplices de estas corporaciones, cuyo motor primordial es, indiscutiblemente, la mentalidad de lucro. Pero, ¡por favor!, los veterinarios, estamos por encima de esos intereses y dependería de nosotros no apoyar una locura como ésta, informar a los dueños como debemos y ayudarlos a ser consumidores maduros en lo que respecta a la salud y el bienestar de sus perros y gatos.

Igual que ocurre en medicina humana, donde los estudios y pruebas farmacológicas son realizados por las propias empresas farmacéuticas y, en general, pueden ser (y son) manipulados según las necesidades, los test realizados por los fabricantes de piensos que, naturalmente, desean vender su producto, deben ser examinados con extremada precaución. Nestlé Purina, responsable de lanzar al mercado el producto *Anti-Age*, ha probado en experimentos supuestamente muy costosos que la vida de los perros se puede alargar hasta dos años, mediante intervenciones dietéticas como, por ejemplo reducción de las calorías. ¡Vaya!… ¿Es que ahora es necesario hacer tests para volver a demostrar "científicamente" hechos que ya habían sido clarificados hace mucho tiempo? Según parece, el sentido común ha desaparecido o, tal vez, le es denegado a quien lo posee –a los consumidores informados y a los veterinarios críticos.

¿Acaso es tan fácil manipular a los veterinarios – el artículo anteriormente citado fue publicado en una revista veterinaria seria – como para que intenten vendernos tal despropósito como si fuera algo cierto e indispensable? Evidentemente sí, porque si no hubiera demanda, no habría producto.

Aparte de que el elogiado pienso de Nestlé Purina no es un alimento adecuado a las necesidades de la especie a la que pertenece el perro, estos empresarios desean convencernos de lo importante que es añadir más suplementos – como los triglicéridos de cadena mediana – a la dieta de un perro veterano. Así consiguen enaltecer un producto que, en sí, es deficiente. Seguramente, los propios fabricantes son conscientes de la inferioridad de sus artículos… de lo contrario no estarían buscando sin cesar nuevos aditivos que los distingan.

Volvamos a las enfermedades crónicas que, desgraciadamente, a menudo son causadas por nuestras propias acciones; porque, aún siendo plenamente conscientes de ello, a cambio de una mejoría pasajera de los síntomas patológicos, aceptamos los graves efectos secundarios y daños a largo plazo que generan nuestras medicinas. Muchas veces, los antibióticos y la cortisona ayudan muy deprisa, no lo dudo. Especialmente la cortisona produce un efecto súbito y perceptible en el plazo de un día, por ejemplo, para aliviar el picor. Sin embargo, administrada durante periodos más largos, el efecto disminuye o desaparece completamente. Los efectos secundarios de los antibióticos no son tan graves como los de otros medicamentos, salvo porque destruyen la flora bacteriana fisiológica, pero también pueden desencadenar alergias. La urticaria (el pelo se eriza en algunas zonas adquiriendo el aspecto de pelos de cerda) es la reacción alérgica más común. Pero también pueden producirse casos de asma, inflamación dolorosa de la cabeza y shock anafiláctico con peligro de muerte. En el caso de los antibióticos, también es importante mencionar la posible aparición de resistencias, fomentadas precisamente por el uso incontrolado y abusivo de los mismos: en ese caso, las bacterias patógenas no son destruidas porque se han "acostumbrado" al antibiótico. Las resistencias están aumentando vertiginosamente y es necesario descubrir nuevos antibióticos todos los días para conseguir aniquilarlas. Esta problemática ha sido claramente provocada por nosotros, ya que las resistencias solo aparecen tan deprisa y abundantemente cuando se hace un uso constante y exagerado de los antibióticos.

Analicemos el tema de la cortisona: todo el mundo ha oído hablar de ella, nadie quiere tomarla y, sin embargo, es uno de los medicamentos preferidos y más recetados por los veterinarios. Como ya he mencionado anteriormente, en general suele ser recetada como primera opción, junto con un antibiótico, a todos los animales enfermos. Últimamente, en lugar de cortisona, se está recetando un tipo de analgésicos llamados antiinflamatorios no esteroideos (AINE), que tampoco se caracterizan precisamente por carecer de efectos secundarios. La cortisona tiene justificadamente la mala fama de provocar múltiples efectos secundarios adversos, aunque hay que reconocer que los medicamentos que contienen dexametasona, prednisolona e hidrocortisona como principios activos, bien utilizados y sobre todo a corto plazo, producen resultados inmediatos y son bastante bien tolerados por el organismo.

El cortisol es una hormona esencial sintetizada por el organismo en las cápsulas suprarrenales. Sin cortisol no podríamos vivir y nuestros perros y gatos tampoco. Influye sobre el metabolismo de los hidratos de carbono, las grasas y las proteínas y el cuerpo la necesita para compensar el estrés. El funcionamiento de las cápsulas suprarrenales es regulado por la hipófisis, glándula situada en el cerebro. Cuando hay una deficiencia de cortisol en sangre, la hipófisis reacciona secretando sustancias que estimulan a las cápsulas suprarrenales a aumentar la producción del mismo. Si, por el contrario, hay un exceso de cortisol en sangre, las cápsulas suprarrenales reciben la señal de disminuir o reprogramar la producción de cortisol corporal. Cuando esta regulación es perturbada, por ejemplo, a causa de un tumor en la cápsula suprarrenal que secreta cortisona descontroladamente, a causa de tumores en la hipófisis o por un aporte excesivo desde fuera (la medicación veterinaria), aparecen enfermedades adicionales.

Mediante una terapia, podemos interaccionar cuidadosamente con la sensible regulación de la bioquímica del cuerpo, pero a base de "martillazos", más bien la desajustaremos o incluso llegaremos a trastornarla completamente. Lamentablemente, la cortisona casi nunca se aplica con cautela. Más bien se utiliza como primera y única elección, a menudo de manera precipitada ante cualquier picor, cualquier anomalía mínima de la piel o cualquier alteración del estado general. Porque, según parece, el slogan de los veterinarios es el siguiente: conseguir resultados inmediatos, de lo contrario, el dueño podría quedar insatisfecho.

Prácticamente todos los pacientes alérgicos que han venido a mi consulta en los últimos años, llevaban recorrido un largo camino (de años) de sufrimiento y habían sido tratados con cortisona durante períodos de tiempo considerables. En realidad, nada extraño si tenemos en cuenta el temario que se imparte a los estudiantes de medicina veterinaria y cómo se les enseña. En los libros de texto de medicina, el tema de la terapia de las alergias se reduce prácticamente a la administración de antibióticos y cortisona.

Según parece, por voluntad propia y sin objeción alguna, aceptamos los efectos secundarios generados por este medicamento, que se manifiestan principalmente cuando es administrado durante cierto tiempo (varias semanas). La cortisona tiene, además, un efecto inmunosupresor, es decir, aumenta la vulnerabilidad a las infecciones. Y debemos tener presente que, cuando un animal tratado con cortisona muestra algunos de estos síntomas: aumento de peso, caída del pelo o reducción de la masa muscular, el perro no se separa del bebedero o siempre está tumbado y jadeando, significa, por desgracia que ya es demasiado tarde. Entonces no nos quedará más remedio que darle medicamentos para el resto de sus días, con el fin de proporcionarle una vida medianamente llevadera –que, aun así, no se asemejará en nada a la calidad de vida de un perro o un gato sanos.

La perra teckel Irene es uno de estos tristes casos. Castrada desde que era un cachorro y sometida a una terapia continua con prednisolona debido a los picores y erupciones constantes que padecía en la piel, Irene parecía un cerdito rosa gordo y bien cebado. El abdomen le colgaba casi hasta el suelo. En su empobrecido pelaje se podía contar cada pelo y la piel era tan fina como un papel de seda. Bebía como un camello y siempre estaba apática. En su historial médico se lee la frase lapidaria: "Morbus Cushing de origen iatrogénico", en castellano: trastorno hormonal originado por el tratamiento médico. El Morbus Cushing es una enfermedad caracterizada por una disfunción de la hipófisis. La consecuencia es una producción excesiva de ACTH (hormona del estrés).

Naturalmente, el Morbus Cushing podría estar causado por un trastorno de regulación propio, por ejemplo, un tumor; pero si analizamos el historial médico de cada perro, podremos saber cuántos casos de esta enfermedad son de origen "iatrogénico". Es obvio que los veterinarios responsables no están interesados en revisar sus errores y los sufridos dueños, que casi nunca llegan a percatarse de la verdad, no tienen otra opción que la de intentar ofrecer una existencia llevadera a sus queridos animales, a quienes se ha privado del privilegio de disfrutar de una vida normal. Por ello, debo ratificar la siguiente afirmación: todo caso de enfermedad generado por la medicina es inadmisible.

Por si fuera poco, las terapias con cortisona a largo plazo y en dosis considerables también pueden causar diabetes en perros y gatos (ver capítulo 7).

En cuanto a los analgésicos, estos fármacos se recetan con la misma ingenuidad que los remedios mencionados anteriormente: si bien es legítimo utilizarlos después de operaciones o en situaciones de dolor agudo, los llamados AINE (antiinflamatorios no esteroideos) son prescritos actualmente por la más mínima molestia. En este sentido, la industria farmacéutica reacciona con una inventiva tremenda, dando consejos de utilización de los mismos para cualquier pequeñez. Por ejemplo, los recomiendan en caso de pasividad, cansancio, falta de higiene y mal carácter en gatos, en este caso, también recomiendan administrar como primera alternativa un analgésico habitual. Por supuesto, lo que no mencionan es que los AINE, tomados durante periodos largos de tiempo, causan graves efectos secundarios (riñón, sistema digestivo etc.).

¿Por qué habrían de hacerlo si, gracias a estos productos, muchos animales enfermarán en el futuro y necesitarán nuevos medicamentos… que sus dueños deberán pagar?

Y, por supuesto, una vez personado en la consulta, al paciente se le intentarán endosar (de paso) otros "medicamentos necesarios", como por ejemplo, los destinados a las desparasitaciones internas y externas regulares.

Con esta última alusión, hemos arribado al siguiente tema: las curas profilácticas. Según consejo de la industria farmacéutica, los cachorros deberían ser sometidos, desde su segunda semana de vida, a una desparasitación interna (por ejemplo, con *Welpan* de la empresa Bayer), que debe ser repetida después cada catorce días. Los perros jóvenes (a partir de los tres meses) deben realizarlas cada dos o tres meses, y los adultos mayores de un año deben ser sometidos a ellas entre tres y cuatro veces al año (por ejemplo, con *Flubenol* de la empresa Janssen). Para cachorros de gato, las recomendaciones son similares, salvo en ejemplares que puedan salir al exterior, a los cuales se debe desparasitar aún más a menudo. Si nos dejásemos guiar por las recomendaciones dadas en los prospectos, un perro adulto de 15 años de edad habría sido sometido a 66 curas de desparasitación. Creo que nadie puede –ni quiere– imaginar la cantidad de producto químico que ingresa de este modo en el organismo de nuestros animales a lo largo de su vida.

¿Qué supone para el animal la desparasitación química? Los productos antiparasitarios convencionales envenenan y matan los parásitos del intestino, pero este veneno (una neurotoxina), que lógicamente también es absorbido por el organismo del perro o del gato, supone un esfuerzo considerable para sus órganos desintoxicadores, especialmente hígado y riñón. Esta sobrecarga persistente no solo daña los órganos del animal, sino que también puede favorecer la aparición de alergias. Por mi consulta han pasado muchos animales que sufrían alergias debido a los "bombardeos incesantes contra los gusanos". Por eso aconsejo a los dueños de perros alérgicos que eviten la aplicación de cualquier veneno a sus mascotas, no importa de qué tipo sea.

Puesto que las curas antiparasitarias habituales alteran o destruyen (entre otras cosas) la flora bacteriana, las diarreas crónicas constituyen una de las consecuencias más comunes de las mismas. Además, la alteración masiva de la flora bacteriana natural hace que el intestino sea vulnerable a nuevas invasiones de parásitos. Muy al contrario, los gusanos tienen pocas posibilidades de convertirse en un problema gravoso para un animal cuyo intestino y flora bacteriana están intactos, ya que la propia flora intestinal sana es capaz de detener pequeñas invasiones de gusanos y evitar que se multipliquen desenfrenadamente. En la naturaleza, los lobos o los gatos monteses buscan instintivamente tubérculos, hierbas y extractos vegetales que provocan el desprendimiento de la mucosa y la evacuación de los parásitos intestinales, constituyendo una purga natural. Aunque nuestras mascotas, naturalmente, no disponen de esta posibilidad, nosotros podemos comprar estas mezclas de plantas y añadirlas en su comida o, simplemente, metérselas en la boca, lo cual, a diferencia de las pastillas, es más sencillo de lo que parece. Estas curas, realizadas dos o tres veces al año, son una alternativa natural y muy efectiva frente a las desparasitaciones químicas.

Además, los gusanos causan menos problemas a perros y gatos alimentados con productos naturales, es decir, con carne cruda, que a los que comen pienso industrial, porque las bacterias intestinales de los primeros son tan agresivas que los parásitos, desde su ingreso en el tubo digestivo del animal, tienen pocas posibilidades de "asentarse" en él. No obstante, las personas que deseen tener la seguridad de que su mascota no tiene gusanos, pueden comprobarlo mediante análisis regulares de las heces, baratos y sencillos de realizar. De esta manera, evitaríamos el uso de enormes cantidades de químicos y a nuestros animales les ahorraríamos muchos problemas. Me atrevo a dudar, sin embargo, que este sea el deseo de muchos veterinarios, ya que la venta de productos antiparasitarios es una fuente de ingresos importante: una pastilla para un perro de aproximadamente 10 kilos de peso cuesta alrededor de 6,50 euros. A lo largo de su vida, tras 50 a 60 curas antiparasitarias, obtenemos la suma de 357,50 euros – y todo por un medicamento que, además, supone una grave sobrecarga para el organismo. Si el perro pesa más de 10 kilos, el precio aumenta proporcionalmente.

Para conseguir vender el máximo de productos antiparasitarios posibles y que las mascotas los ingieran fácilmente y sin complicaciones, a la industria farmacéutica se le ha ocurrido una idea brillante: ¡añadir aditivos saborizantes a las pastillas! Así se evita la molestia de tener que obligar al animal a tragársela y… lo que es sencillo, naturalmente, es demandado por el público.

En lo que respecta a los antiparasitarios externos contra pulgas y garrapatas, la irresponsabilidad en la utilización preventiva de los mismos es similar a la de los productos anteriores. Analicemos uno de estos productos: *Frontline Spot-on*. Esta sustancia tiene un efecto sistémico, es decir, se impregna en la piel y desde el punto de aplicación se reparte por el resto del organismo. El principio activo del producto es el *fipronil* 268,0 mg y lleva, como agentes coadyuvantes, E-320 y

E-321. Estos aditivos (BHT y BHA) son antioxidantes artificiales químicamente análogos al *fenol*, una sustancia usada como desinfectante y protector de la madera. En experimentos realizados in vitro y con animales, se comprobó que cantidades elevadas de E-320 dañaban el material genético, especialmente en las células del tracto intestinal. Y en estudios realizados durante períodos largos de tiempo con animales, el E-320 y el E-321, también en cantidades considerables, mostraron ser agentes cancerígenos, provocando concretamente cáncer de estómago e hígado en ratones. Por cierto, la empresa R*oyal Canin* añade estos dos compuestos a sus piensos como conservantes. El *fipronil*, una sustancia tóxica para las células nerviosas, daña el sistema nervioso central de los parásitos externos, produciendo así su muerte. Naturalmente, el veneno no solo penetra en la sangre de los insectos que deseamos combatir, sino también en la sangre del animal que queremos proteger.

En cuanto a los efectos secundarios, la declaración del prospecto dice: "Hay sospechas de intolerancia en casos extremadamente raros, como por ejemplo, reacciones cutáneas pasajeras en la zona de la aplicación (coloración de la piel, caída local del pelo, picor, enrojecimiento) y picores y caída del pelo generalizados. Excepcionalmente, también se han observado salivación, síntomas neurológicos reversibles como hipersensibilidad, depresión, síntomas nerviosos, vómitos y problemas respiratorios. Como medida especial de precaución para la eliminación de residuos no utilizados del producto, se indica que *fipronil* también puede dañar a los organismos acuáticos. Por ello, el producto o sus envases vacíos no se deben verter en estanques, aguas o arroyos".

¿Acaso no es suficiente con esta información? No se preocupen, hay más: este medicamento puede causar irritación de las mucosas y de los ojos. Por tanto, se debe evitar cualquier contacto con la boca y los ojos. Los animales recién tratados con el producto no deben tener contacto estrecho con los dueños y, sobre todo, no deben dormir con niños. Durante la aplicación del producto no se debe fumar, beber o comer. ¿Quién desearía aplicar esto a su animal o a sí mismo?

Naturalmente, es necesario combatir las plagas de pulgas, pero para ello existen excelentes productos biológicos. Solo en casos de verdadera emergencia, es decir, cuando la infestación es masiva y el dueño se siente abrumado, se debe hacer uso de medicamentos tan venenosos y agresivos. En situaciones normales, los espráis de aceites esenciales son más que suficiente. Además, con los parásitos externos ocurre lo mismo que con los parásitos intestinales: en un animal bien alimentado, la infestación por pulgas no es tan masiva como en perros y gatos que comen pienso. El sistema inmune de un animal alimentado como corresponde a su especie es más vigoroso y lo defiende mejor, también en lo que respecta a las alergias generadas por los picotazos de las pulgas.

Sin embargo, *Frontline* y co. se comercializan en la mayoría de las consultas veterinarias como si fuesen caramelos: sin ningún tipo de advertencia o recomendación acerca de posibles productos alternativos, estos medicamentos altamente tóxicos se venden a un precio elevado a cualquiera o, más exactamente, a los inocentes dueños de las mascotas, a quienes no se informa tampoco sobre posibles efectos secundarios, ni en las consultas veterinarias, ni en las farmacias, que no tienen permitido vender estos medicamentos sin receta. Con todo, los efectos secundarios son mucho más frecuentes de lo que parece. Y aún más: como tratamiento y como preventivo se recomienda aplicar el producto una vez al mes, es decir, la cantidad de veneno que deben tolerar nuestros pacientes sin rechistar es bastante importante.

No podemos evaluar qué consecuencias tiene el uso continuado de estos productos sobre la salud de nuestros pacientes. En la mayoría de los casos, una única aplicación en el periodo álgido de las garrapatas, probablemente no tendrá consecuencias. Sin embargo, cuando la exposición a un tóxico es reiterada, el efecto de acumulación a largo plazo genera patologías que no son fáciles de relacionar con el medicamento utilizado. No son pocos los casos de epilepsia repentina, los picores constantes e inexplicables etc. atribuibles a la utilización de estas "pipetas". He tenido varios pacientes de este tipo en mi consulta, pero recuerdo en concreto el historial médico del gato Jimmy porque era hijo de una de mis gatas. Tenía 2 años aproximadamente y siempre había tenido pulgas. Su dueño le aplicaba regularmente productos *Spot on* (pipetas). De pronto, comenzó a sufrir ataques epilépticos: primero salivaba mucho, luego comenzaba a temblar y, al final, todo su cuerpo se contraía convulsivamente. Lo llevó a un veterinario que le recetó un medicamento contra la epilepsia. Tanto el gato como el dueño tuvieron que acostumbrarse a vivir así, pero a éste no le complacía la idea de tratar al animal durante toda su vida con productos que lo dejaban aletargado y apático. Así pues, el señor B., dueño del gato, decidió informarse correctamente y acudió a un neurólogo. A los neurólogos les encantan este tipo de pacientes, naturalmente, ya que a sus dueños se les pueden vender diagnósticos muy caros, como la tomografía por resonancia magnética o la TC (tomografía computarizada). Ante la sospecha de un tumor, se sometió a Jimmy a narcosis para hacerle una resonancia magnética. Naturalmente, no se le encontró **ningún tumor** a este gato de tan solo 2 años, por lo que el origen de los ataques epilépticos siguió siendo calificado de "desconocido". Después de este diagnóstico tan caro y aparentemente inútil, quedó confirmado que la única alternativa posible era continuar con los medicamentos antiepilépticos, por lo que recomendaron al señor B. que siguiera dándole las pastillas a su gato. Es decir, habían vuelto al punto en el que estaban. Unas semanas más tarde me enteré de esta historia, cuando este hombre me llamó, desesperado, simplemente para charlar...

Le pregunté por los medicamentos, las curas antiparasitarias y los insecticidas utilizados antes de que comenzaran los ataques, y reconoció haber aplicado al gato una "pipeta" mensual. Y todavía seguía haciéndolo. Le recomendé retirar inmediatamente todos los productos químicos: las curas antiparasitarias internas y las "pipetas"; también fuimos reduciendo paulatinamente los medicamentos contra la epilepsia. Desde entonces, Jimmy no toma ningún medicamento y no ha sufrido un solo ataque más.

¡Mediante la simple supresión de estas sustancias tóxicas, en muy poco tiempo pueden desaparecer muchas patologías! El problema es que a nadie se le ocurre esta idea tan sencilla. La epilepsia, una enfermedad diagnosticada en perros y gatos con una frecuencia creciente, es precisamente una consecuencia de estos disparatados bombardeos químicos.

Si consideramos la cantidad de sustancias tóxicas para el sistema nervioso a la que están sometidas nuestras mascotas con las pipetas aplicadas mensualmente y con las desparasitaciones internas continuas, no nos asombraremos de que enfermedades como las alergias, la epilepsia, las patologías cerebrales etc., estén floreciendo en la actualidad.

Este es el informe de la propietaria de un perro afectado:

> Tengo un pequeño Bichon-Frisé macho que ha desarrollado una grave alergia al *Frontline* (también al *Exspot*). El primer año que utilizamos *Frontline* observé que, el mismo día de la aplicación y durante los dos días siguientes, el perro estaba muy cansado y le brillaban los ojos (como cuando se tiene fiebre). Después de las revacunaciones anuales también observábamos estos mismos síntomas. Al año siguiente, utilicé un producto de otra marca, concretamente *Exspot*, pero volvieron a aparecer los síntomas. Durante el tercer año, unas veces utilicé *Frontline* y otras veces *Exspot*. Aproximadamente dos semanas después de aplicarle la 3ª o 4ª dosis de la temporada, el perro se desplomó de repente (como con un ataque epiléptico). El "agradable" veterinario al que íbamos entonces le diagnosticó un agrandamiento del corazón y, durante un año, estuvimos dándole medicamentos para el corazón y diuréticos. Siguió sufriendo ataques, incluso más fuertes y más frecuentes (yo seguía utilizando productos contra las garrapatas). Fui a otro veterinario, que no encontró ninguna anomalía de corazón y nos envió a un especialista: este hizo una exploración cardiaca rutinaria completa, incluida una sonografía Doppler... Resultado: el corazón estaba sanísimo. Antes de acudir a este especialista, yo había empezado a escribir un diario para poder averiguar el factor desencadenante de los ataques. De este modo pude comprobar que los ataques estaban relacionados, sin excepción, con la aplicación del producto antiparasitario (comenzaban después de una o dos semanas). En efecto, al día siguiente de aplicar la siguiente dosis, el perro sufrió un nuevo ataque. Lo llevé al veterinario que, tras escuchar mis cábalas, le inyectó un antídoto contra el producto que, por supuesto, no he vuelto a utilizar. Desde entonces (2,5 años después), mi perro

no ha sufrido ni un solo ataque más. Para mí, esta evidencia es tan significativa como para no volver a aplicar nunca más estos venenos neurotóxicos a un perro.

Los calvarios por los que pasan muchos perros y gatos, junto con sus dueños, son realmente penosos y se podrían escribir muchos libros sobre el tema. A veces, estas tristes historias abarcan toda la vida del animal, porque en muchas ocasiones estos seres nunca llegan a curarse, convirtiéndose en pacientes eternos, víctimas de la intervención humana. Pero, entretanto, los veterinarios y la industria farmacéutica continúan beneficiándose de todo ello.

Por último, desearía hacer un comentario sobre los "productos reconstituyentes inyectables", tan apreciados por muchos veterinarios: a menudo se recurre a ellos con el fin de "hacer algo cuando no se sabe qué hacer". Y los clientes suelen estar de acuerdo, ya que previamente el veterinario les ha presentado el producto como una opción francamente atractiva. A una persona preocupada por su perro o su gato se le puede convencer prácticamente de todo. En realidad, estas inyecciones reconstituyentes encubren casi siempre preparados vitamínicos sintéticos, cortisona u otras sustancias (todas ellas innecesarias por no estar relacionadas con la causa de la enfermedad) que, presuntamente, estimulan el sistema inmune. Por supuesto, el uso de cualquier medicamento está justificado para tratar la enfermedad específica para la que está indicado. Pero si no estamos ante el caso concreto de esa enfermedad o de la insólita "carencia vitamínica" (¡!) que el preparado reconstituyente podría compensar, entonces el producto no tendrá efecto o incluso producirá daños. Las vitaminas sintéticas en especial pueden perjudicar sensiblemente los procesos metabólicos porque, como su propio nombre indica, son sintéticas, es decir, son producidas artificialmente (por cierto, con ayuda de bacterias transgénicas) y en ningún caso logran sustituir a las vitaminas naturales.

No deberíamos olvidar que un aporte vitamínico innecesario no es tan inofensivo como se cree. Por eso, la habitual divisa de que "las vitaminas no pueden hacer daño y, si no ayudan, tampoco perjudican" puede ocasionar más desgracias de las que se piensa.

Actualmente, ciertos cuadros clínicos han cobrado un gran protagonismo propio: parece ser que prácticamente uno de cada cuatro gatos mayores de 13 años padece hipertiroidismo, una enfermedad diagnosticada hoy día entre los gatos viejos con mucha más frecuencia que antes. Las hormonas de la glándula tiroidea regulan muchos procesos metabólicos. En caso de hiperfunción de la misma, causada generalmente por un tumor, se produce un aumento del metabolismo basal. El gato que padece hipertiroidismo está intranquilo, pierde peso a pesar de tener mucho apetito y, a veces, también sufre diarreas, vómitos o diversas alteraciones cutáneas.

Debido al aumento de casos de esta enfermedad, se han realizado estudios exhaustivos en los que se ha comprobado que los gatos alimentados con comida de lata tienen un riesgo de padecerla tres veces mayor que los congéneres alimentados como corresponde a su especie. Como posibles factores desencadenantes de la enfermedad se contabilizan: concentraciones fluctuantes de yodo, presencia de bisfenol-A (abrev. BPA) en el alimento, procedente de los revestimientos de las latas (tema este de obvia relevancia médica ya que, a pesar de que el polímero final de este material es en gran medida biológicamente inerte, el compuesto inicial BPA se puede desprender del revestimiento bajo ciertas circunstancias y mezclarse con el alimento en cuestión, causando problemas de salud), así como los fitoestrógenos vegetales contenidos en los aditivos de soja y, por último, mercurio u otros contaminantes orgánicos ("*Vet Journal*" 05/2010, Dr. Florian Zeugswetter). El bisphenol A es una sustancia parecida a los estrógenos, utilizada en la industria química para producir materiales artificiales especiales llamados policarbonatos o resinas epoxi. El policarbonato es un tipo de plástico versátil y cómodo de procesar, utilizado en la fabricación de muchos productos de la vida cotidiana. Por ejemplo: el bisfenol A está presente en envases de plástico de alimentos, en biberones para niños y en vajillas de plástico; además, con él se fabrica la resina epoxi que reviste el interior de las latas de conservas.

El bisfenol-A ha generado una gran polémica en los últimos años. Según el BUND (Agencia alemana de Protección del Medioambiente y la

Naturaleza), el bisfenol-A puede causar daños en el desarrollo cerebral de fetos, recién nacidos y niños pequeños. En adultos, los últimos estudios revelan una relación entre valores elevados de bisfenol-A en sangre y daños hepáticos, diabetes y enfermedades coronarias. La industria química produjo el año pasado cerca de 410.000 toneladas de bisfenol-A, rindiendo un beneficio de cerca de tres billones de euros. Entre tanto, a pesar de que el efecto perjudicial de los bisfenoles ha sido ampliamente descrito, el debate se sitúa únicamente en torno a la cuestión de la dosis a partir de la cual puede afectar a la salud humana y de los nuevos límites permitidos. ¿Qué apuestan ustedes a que la fijación de los nuevos límites legales va a obedecer a varios criterios, salvo el de la salud de las personas y los animales?

El hecho de que los límites máximos permitidos sean bajos no implica que no puedan producirse daños en la salud porque, en realidad, se sabe muy poco sobre el efecto acumulativo de ésta y de muchas otras sustancias tóxicas. Aún no está claro hasta qué punto estos compuestos se pueden ir acumulando en el organismo cuando se administra una dosis constante, aunque sea mínima. No obstante, se sabe a ciencia cierta que el bisfenol-A puede actuar como una hormona en el cuerpo humano y que la ingestión de esta sustancia es altamente peligrosa para bebés y niños pequeños.

La estimación de que uno de cada cuatro gatos a partir de los 13 años padece hipertiroidismo debería darnos qué pensar. Evidentemente, no se debe culpar al bisfenol-A de ser la única causa de este fenómeno, ya que aún se barajan otras hipótesis, como la presencia de aditivos de soja que contienen fitoestrógenos o la exposición a otros productos químicos, como por ejemplo, los insecticidas.

Precisamente el organismo de los gatos es muy sensible a influencias perjudiciales. Por eso, es fácil deducir que la acumulación continua de sustancias que contienen hormonas o actividad hormonal pueda tener consecuencias devastadoras sobre la salud de nuestros felinos. En cualquier caso, el aumento masivo de hiperfunciones de la glándula tiroides debería incitarnos a una reflexión profunda…

Mi conclusión como terapeuta con experiencia: muchas veces, ¡menos es más!

¡DIETA!
pro Tag nie über
Diätpillen
Dextrose 37g
Buche
Weizen
ARTNATURAL
2011

Capítulo 7

Senta, un tonel andante a cuatro patas

Sobre la fiabilidad de los piensos especiales para la reducción de peso y para perros diabéticos

Cuando Senta, una perra mestiza de 6 años de edad, viene a mi consulta por primera vez, es un ejemplo perfecto y escalofriante de lo que, en el argot profesional, llamamos adipositas, es decir, obesidad. Aunque tiene el tamaño de un Cocker-Spaniel, pesa casi 28 kilos y con sus patas relativamente cortas y una cabecita afilada parece más un tonel que un perro. Se mueve como un pato al andar y cada paso que da supone un gran esfuerzo para ella. Senta engulle todo lo que está a su alcance como si fuera un aspirador andante. Además de su pienso seco habitual, come todo tipo de snacks para perros, auténticas bombas de calorías cargadas de azúcar que mejoran su sabor. En una familia grande como la suya, todos cuidan del perro y se ocupan de que no pase hambre…

Además, Senta no hace suficiente ejercicio. Ha crecido en un piso sin jardín de una gran ciudad y solo sale a pasear atada de la correa, nunca suelta, lo cual contribuye a su obesidad. La familia D. la trae a mi consulta veterinaria porque rechaza las píldoras para adelgazar recetadas por el veterinario ("imprescindibles" según éste) y el pienso dietético, por cierto, un producto bastante caro. En teoría, esta píldora llamada *Slentrol* refuerza, por un lado, la sensación de saciedad natural del cuerpo; por otro, inhibe la absorción de la grasa de los alimentos. Desde que cumplió un año, Senta ha tomado regularmente medicamentos para la supresión del celo y, cuando tenía 5 años, le diagnosticaron diabetes, por lo cual debe tomar insulina desde entonces. La familia D. se siente avergonzada de salir a la calle con su perra, porque de vez en cuando algún transeúnte hace un comentario despectivo sobre su gordura. Como Senta ya no tiene la disposición física para dar paseos largos, sus salidas se limitan a un par de minutos en la oscuridad de la noche o muy temprano al amanecer. Pasa el resto del día durmiendo en el sofá o en su cesto, una vida poco envidiable para un perro relativamente joven, de solo 6 años.

Senta padece diabetes secundaria. El adjetivo "secundaria" (de segundo rango) alude a que es una consecuencia de otra enfermedad básica. En su caso, la causa principal es, sin duda, la obesidad, aunque también hemos de tener en cuenta que las inyecciones administradas periódicamente para la supresión del celo contienen progesterona y pueden contribuir a la aparición de este tipo de diabetes. Los dueños de Senta cumplen rigurosamente el tratamiento de su diabetes y no les importa inyectarle su dosis diaria de insulina. Sin embargo, todos los miembros de la familia están de acuerdo en que la vida quelleva no es digna de un perro porque, más bien, parece que esté vegetando... Por supuesto, han intentado que adelgace en varias ocasiones, incluso bajo control veterinario y con piensos dietéticos caros, pero nunca han tenido éxito porque cuando Senta come pienso dietético tiene incluso más apetito que cuando come el pienso industrial "normal". ¡No es de extrañar!, si analizamos con detenimiento la composición de alguna de las marcas de piensos dietéticos más importantes, en seguida comprobaremos que, en primer lugar, aparece una sustancia llamada "lignocelulosa".

"La lignocelulosa (del latín: *lignum*, la madera, el árbol) es un constituyente de la pared celular de las plantas leñosas, cuya función es similar a la de un andamio estructural. Durante el proceso de lignificación, se va depositando progresivamente lignina sobre la membrana celular" (Wikipedia). La lignocelulosa, por tanto, no es otra cosa que un concentrado de fibra cruda de la madera. Gracias a la enorme capacidad de hincharse que tienen estas fibras, el volumen del pienso ingerido aumenta en el estómago, produciendo una rápida sensación mecánica de saciedad. Cierta proporción de fibra cruda en el alimento es saludable, pero cuando esta sustancia ocupa el primer lugar entre los ingredientes de un pienso, estamos con seguridad ante un producto sospechoso, ya que los perros no se sacian "comiendo madera" y, consecuentemente, van a ser víctimas de intensos ataques de hambre.

En la composición de estos piensos para adelgazar encontramos, en segundo lugar, la ya mencionada harina de pollo. Las harinas de pollo se diferencian de las harinas de carne de pollo (que contienen auténtica carne) en que incluyen, de hecho, todos los residuos del pollo. Estas harinas pueden estar compuestas exclusivamente por plumas, conteniendo proteínas de escaso valor biológico y absolutamente inapropiadas para perros obesos, que necesitan fuentes de proteína de gran calidad para no padecer nuevas enfermedades generadas por su carencia. Comprando los nocivos piensos *light*, estamos provocando enfermedades "secuela" en los perros obesos, como, por ejemplo, patologías de hígado y de riñón.

¿Qué otros ingredientes encontramos en los piensos industriales para la reducción de peso? Como siguiente componente aparece el gluten de trigo, un subproducto en el proceso de obtención del almidón de trigo y el gluten. Este producto constituye aproximadamente el 80% de la proteína total del trigo. El salvado, por el contrario, se obtiene a partir de las capas que envuelven el grano de cereal y se utiliza como aporte de fibra en el ámbito de la alimentación integral humana (muesli, panes crujientes...). El gluten es utilizado universalmente en la industria porcina. Este producto es un complemento ideal en la alimentación de cerdos destinados a la producción de carne o a cría y de cochinillos, ya que posee un alto contenido energético, tiene buen sabor y permite reducir costes en la alimentación (fuente: revista informativa www.raiffeisen.com).

Es decir, el pienso elaborado a base de gluten aporta proteína vegetal, a pesar de que los perros y, más aún, los gatos, solo pueden aprovechar pequeñas cantidades de la misma. O sea que, con estos productos alimenticios, convertimos forzosamente a perros y gatos en herbívoros, sembrando así de antemano y con seguridad la aparición de futuras enfermedades. La "tapioca", el siguiente ingrediente de la declaración que, a primera vista, puede resultar atractivo, no es otra cosa que un almidón de sabor neutro (extraído de la raíz de la mandioca), que no solo aporta hidratos de carbono, sino también evita, gracias a su gelatinización durante la fabricación, que las bolas de pienso desmiguen sus componentes al enfriarse. Por lo tanto, aún seguimos sin avistar las proteínas animales. Muy al contrario, la proteína animal aparece al final de la composición, curiosamente sin ninguna referencia sobre el tipo de proteína implicada. Dado que en la composición de un pienso los ingredientes deben aparecer ordenados según su cuantía de mayor a menor, ¡podemos imaginar fácilmente cuánta proteína animal de alta calidad contienen estos piensos! En resumen, los piensos *light* están fabricados, principalmente, con "materiales de relleno" de baja calidad.

A pesar de comer pienso dietético, Senta está cada día más gorda. Intenta satisfacer sus continuos ataques de hambre robando comida: no hay basura que le pase desapercibida y coge de la mesa todo lo que pilla. Además, ha desarrollado una habilidad tan increíble que no es inusual que el asado o la tarta del domingo caigan en sus fauces, incluso cuando están colocados encima del aparador. Y, durante los paseos, cada día más breves, engulle todo lo que, de algún modo, pueda considerarse comestible. El veterinario que la trata ha ido reduciendo progresivamente la cuantía de su porción de comida, lo cual no ha servido para nada. De vez en cuando, Senta pierde algo de peso, cien o doscientos gramos, pero no se mantiene mucho tiempo. Porque, debido a la carencia de nutrientes, sufre ininterrumpidos ataques de hambre que consigue saciar con gran habilidad. Si un animal solo ingiere "sustancias que dan efecto de saciedad", pero de escaso valor nutritivo, seguirá teniendo apetito, independientemente del tamaño de la ración de comida ingerida; y cuanto más tiempo lleve el organismo sufriendo esta carencia, mayor será la sensación de hambre. Esta es la razón por la que los perros que toman piensos *light* son tan glotones. Por añadidura, el alto contenido de cenizas brutas de estos piensos difícilmente digeribles supone una sobrecarga para los procesos metabólicos del organismo, pudiendo generar, a la larga, trastornos funcionales bastante persistentes. Los componentes difíciles de digerir someten el aparato digestivo a un esfuerzo excesivo, produciendo síntomas como vómitos, diarrea, estreñimiento etc., y un debilitamiento general del sistema inmune. Por eso, muchos perros desarrollan alergias con graves síntomas cutáneos y/o intestinales después de ser sometidos a dietas con piensos *light*.

Y, precisamente, ese ha sido el caso de Senta. Cada día tiene un pelaje más empobrecido y se rasca constantemente, por lo cual, a intervalos de aproximadamente un mes, le inyectan cortisona para aliviarle los picores que, de manera transitoria, se calman. El día que el veterinario detectó que Senta padecía diabetes, el valor obtenido de azúcar en sangre era de 310 mg/dl (el valor normal debe rondar los 100 mg/dl). La diabetes, también llamada simplemente azúcar, está causada por un déficit de insulina, cuya consecuencia es que el azúcar presente en la sangre no puede penetrar en las células y permanece en circulación. Si no se administra la insulina necesaria para compensar este exceso, con el tiempo se producirán graves daños en diversos órganos y, en el peor de los casos, ceguera. Nada más ver el diagnóstico de Senta, el veterinario le receta un pienso para diabéticos que, en esencia, no se diferencia del pienso para perros obesos, salvo en el detalle de que contiene carragenato (E-407) como material de "relleno" apto para diabéticos. En la industria alimentaria humana, el carragenato se usa como agente espesante en mermeladas, helados cremosos, nata dulce etc. En productos dietéticos y *light*, es utilizado como sustancia de relleno que aporta volumen sin añadir ningún valor nutritivo. Existen sospechas fundadas de que esta sustancia, que se extrae de las algas rojas, causa úlceras digestivas y favorece el crecimiento de cáncer de intestino y de mama. Debido a su bajo peso molecular, el carragenato, una sustancia en realidad indigerible, es absorbido por las células de la pared intestinal, en cuyo interior se va acumulando porque éstas son incapaces de metabolizarlo. Las consecuencias pueden ser muerte celular, con la consiguiente destrucción progresiva de la pared intestinal, o degeneración celular hacia procesos cancerígenos.

Por este motivo, la investigadora norteamericana Joanne Tobacman relaciona el aumento de los niveles de cáncer de mama y de úlceras intestinales con el mayor consumo de este espesante en los alimentos. Naturalmente, la cantidad ingerida también juega un papel decisivo, ya que la enfermedad no aparece a causa de un consumo puntual sino continuado, es decir, se produce un efecto aditivo. De todos modos, no puedo entender qué demonios hace un espesante como este en la comida de un perro.

Entretanto, la diabetes se ha convertido en la segunda enfermedad hormonal más frecuente en perros. En el 80% de los casos, la padecen perras sin castrar: durante una fase del ciclo hormonal de las mismas (metaestro o diestro) su organismo secreta la hormona progesterona. Ésta estimula la producción de hormonas de crecimiento, las cuales son antagonistas de la insulina. En el caso de Senta, no es posible saber a posteriori si su diabetes fue causada por la inyección de productos que contienen progesterona para inhibir el celo, por las inyecciones mensuales de cortisona (otra posible causa de diabetes), por la obesidad, o por la suma de los tres factores juntos. A pesar de ello, si corregimos alguna de estas hipotéticas causas podremos reducir la cantidad diaria de insulina que requiere actualmente.

En primer lugar, naturalmente, Senta debe adelgazar y mantener su nuevo peso; además, tenemos que suprimir las inyecciones de hormonas y de cortisona. En una dieta de adelgazamiento correcta, el perro no debería perder más del 1-2% de su peso corporal al mes. Para conseguir esto, lo más importante es el aporte de proteínas de alta calidad.

Comienza una buena etapa en la vida de Senta: el 75% de su alimento está constituido ahora por carne fresca, cartílagos y huesos. También se le añaden verduras y hierbas. Reducimos los hidratos de carbono y la grasa al mínimo posible, dándole solo aceites de primera calidad. Nuestro primer objetivo es que Senta pierda, aproximadamente, 4 kilos en un año. La familia D. cumple el plan alimenticio rigurosamente y Senta se va transformando visiblemente. Le encanta roer sus huesos, que la mantienen entretenida durante horas y le permiten volver a sentirse como un perro. A pesar de que solo ha comido pienso seco y comida de lata desde que era un cachorro, se acostumbra muy deprisa a la alimentación cruda biológica propia de su especie. Los intensos ataques de hambre que sufría antaño disminuyen notablemente en poco tiempo y

Senta se entretiene tanto con sus huesos que incluso olvida la antigua costumbre de hurgar en las basuras.

El resultado de este plan ha sido una reducción de peso de 4 kilos y medio en un año. Senta ya "solo" pesa 22,5 kilos. Además, le gusta pasear y los transeúntes no se burlan tanto de su aspecto. Aún está demasiado gorda pero actualmente, dos años después, pesa solo 21 kilos y, gracias al cambio de alimentación, se mantiene estable. Además, el padre de familia ha establecido turnos de paseo para conseguir que Senta haga suficiente ejercicio. Cada día le toca a un miembro de la familia sacarla una hora como mínimo al campo, salir con ella a correr o andar deprisa. El plan funciona a la perfección.

Por cierto, hemos podido reducir la dosis de insulina a la mitad y las inyecciones de cortisona se han vuelto innecesarias en pocas semanas, ya que los picores han desaparecido completamente. Sopesamos la idea de esterilizar a la perra para evitar el uso de inyecciones de hormonas para la represión del celo, así como la elevación natural de progesterona en la fase correspondiente del ciclo. Sin embargo, dado que la familia D. se negó a operar a la perra y yo tampoco podía garantizarles que la diabetes fuese a desaparecer después de la castración, optamos por dejar que Senta tenga sus dos celos anuales, lo cual no parece ser un gran problema para sus dueños. Diariamente le inyectan su dosis de insulina, que hemos podido reducir notablemente, y Senta disfruta plenamente de su vida canina.

La diabetes en el perro es (casi siempre) una enfermedad irreversible (o sea, incurable), aunque es posible reducir sus síntomas al mínimo y disminuir la dosis de insulina diaria requerida. Pero, realmente, no deberíamos tener que enfrentarnos a esta patología. Teniendo en cuenta que cerca del 40% de nuestros perros y gatos sufren sobrepeso y cerca del 10% son realmente adiposos, rápidamente avistaremos el inmenso mercado que abre sus puertas gracias a esta problemática – no solo para las empresas que fabrican piensos *light*, sino también para los laboratorios que fabrican medicamentos para adelgazar, como el mencionado *Slentrol*. Según la empresa Pfizer, el *Slentrol* fue testado en 600 perros que, supuestamente, perdieron el 18-20% de su peso en un plazo de seis meses. Los estudios realizados por las propias empresas que comercializan un producto deben ser evaluados, como ya he comentado anteriormente, con mucha cautela y, desde luego, en ningún caso como estudios objetivos, porque aquellos individuos que no reaccionan en el experimento como sería necesario para poder obtener los resultados deseados, son excluidos del mismo y, por decirlo con absoluta claridad, se falsea y se miente el tiempo necesario hasta que el experimento arroja el resultado perseguido. Como siempre, los intereses económicos ocupan el primer lugar, porque ¿qué empresa costearía estudios, cuyos resultados no fueran a ser significativos y favorables para su producto, sino incluso negativos? Además, aparte de lo ambiguos que puedan ser los datos obtenidos, debemos tener en cuenta que los efectos secundarios de estos productos pueden ser notables, como ocurre en el caso del *Slentrol*. En el prospecto se recomienda que, si surge una patología de hígado, inmediatamente se suspenda la administración del medicamento y, en caso de vómitos repetidos o diarreas, se reduzca la dosis al 25% o se interrumpa el tratamiento completamente. El *Slentrol* (principio activo: *dirlotapid*) fue concebido inicialmente como medicamento contra la obesidad en personas y fue sometido a experimentación. Pero debido a los graves efectos secundarios que generaba, como dolor de cabeza, meteorismo agudo, cólicos, diarreas y flatulencia, no fue autorizado para el consumo humano . . . interesante ¿verdad?

Desde el punto de vista químico, el *dirlotapid* es una sustancia que inhibe la digestión de las grasas y su absorción a través de la pared intestinal, a la vez que provoca una inhibición del apetito en el sistema nervioso central al estimular la secreción de ciertas hormonas que causan sensación de saciedad. Los gatos no pueden tomar este agente bloqueador de las grasas, porque, debido al trastorno metabólico que genera en su organismo, pueden sufrir graves enfermedades hepáticas tras su consumo.

A continuación, muestro un extracto de la revista científica veterinaria "*Editorial Kleintiermedizin*", nº 1+2/2007, en el que se pretende estimular a los veterinarios a introducir el *Slentrol* en sus consultas:

> Estimada colega, estimado colega:
> La corpulencia de los perros (y de sus dueños) es un mal muy extendido en la sociedad del bienestar. Los expertos estiman que

el 40% de los canes tienen sobrepeso y el 10% sufre obesidad clínica. Partiendo de la base de que las curas de adelgazamiento llegan a prolongarse hasta varios meses, no es difícil imaginar el potencial que poseen los bloqueadores de grasa. ¿Podemos permitirnos el lujo de tachar de decadente un producto como el *dirlotapid* (*Slentrol*)? ¿O tal vez sería más inteligente aprovechar esta nueva oportunidad para introducir el negocio de la reducción de peso en nuestras consultas de manera innovadora, alejándonos de las cuestionables dietas de adelgazamiento típicas del pequeño comercio? Esta decisión está en nuestras manos. *Slentrol* necesita receta. En el prospecto del producto se indica que su utilización debe hacerse según indicaciones de un veterinario y bajo control clínico. El objetivo de este fármaco es la eliminación de los riesgos de la obesidad, la recuperación de la forma física y la salud. Sí, ¿qué más se puede pedir? En Europa, el lanzamiento del producto al mercado va a demorarse todavía un par de meses, lo cual no solo no es perjudicial, sino incluso ventajoso: durante ese intervalo de tiempo tiene usted la oportunidad de ir vendiendo con discreción las enormes existencias de piensos dietéticos especiales para la reducción de peso que tenga en stock. Porque, ¿quién quiere almacenar estos caros piensos, insípidos y a menudo rechazados por los perros cuando, gracias a *dirlotapid*, con tan solo añadir un pequeño aditivo líquido, se puede ofrecer al animal cualquier alimento delicioso y sentirse satisfecho de que le guste y, además adelgace?

Cordialmente, Dieter Müller

(Dr. Dieter Müller, veterinario especialista
en animales de compañía, Heinsberg)

Es decir, mis estimados colegas saben muy bien en qué consisten las dudosas dietas de adelgazamiento. Pero casi todos continúan vendiendo los productos correspondientes. El único comentario que puedo hacer, moviendo la cabeza, es: **monética** en lugar de **ética**.

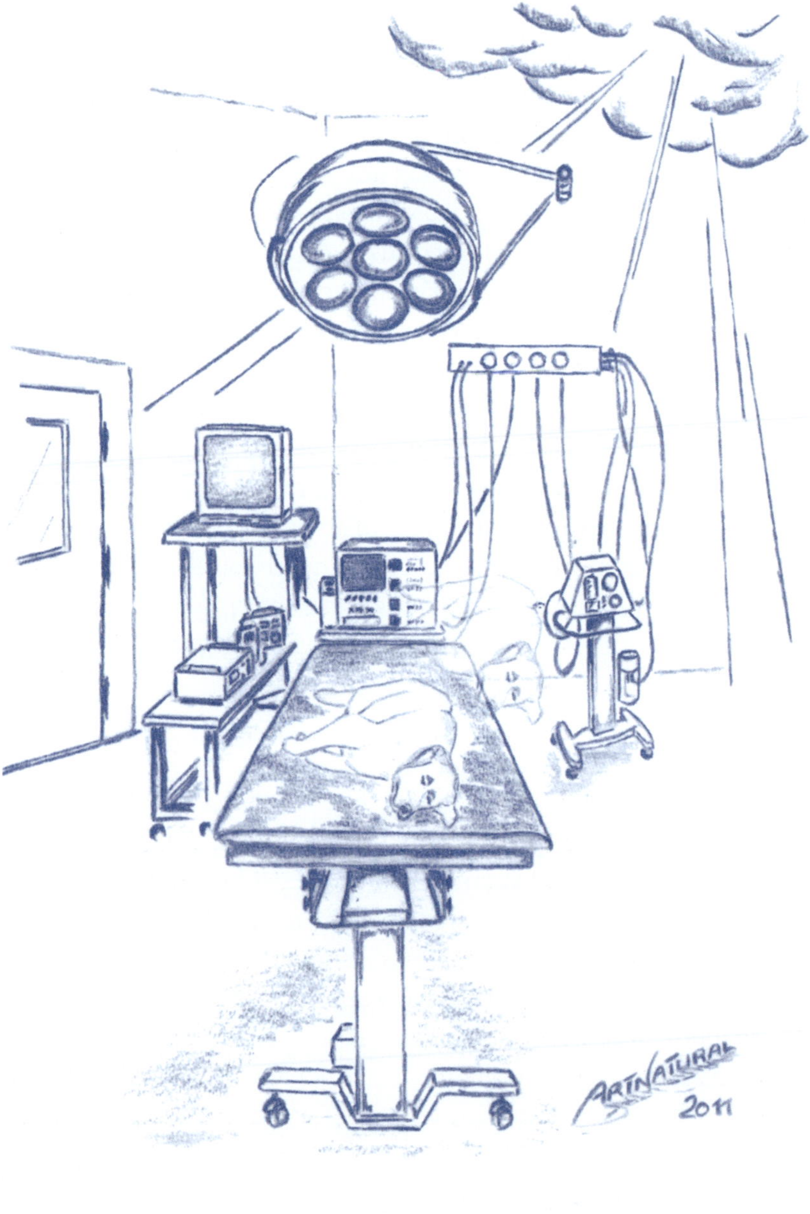
ArtNatural
2011

Capítulo 8

La triste historia de Max, un macho labrador de 5 años de edad

Perros y gatos como víctimas de una medicina tecnificada y mal utilizada

A media noche, la señora R. lleva a su labrador Max a la clínica veterinaria porque se encuentra muy mal. Tiene un aspecto tan débil y triste que le parece arriesgado esperar hasta la mañana siguiente. Cuando llegan, una asistente joven le hace una radiografía del abdomen, una ecografía y le extrae sangre. Después le pone un goteo intravenoso y lo deja ingresado. Su dueña vuelve a casa rendida, pero con la tranquilidad de que el perro está en buenas manos. Al día siguiente, la señora R. regresa muy temprano a la clínica. El veterinario titular, en persona, vuelve a hacer una ecografía de Max. Tras evaluar los resultados de la inspección y del análisis de sangre, sospechan que tiene un tumor en el bazo que, seguramente, se ha reventado.

Hasta aquí, todo correcto. Gracias a la terapia intravenosa realizada, el perro se encuentra mejor y es enviado de vuelta a casa con su dueña. "Vamos a esperar", dice el jefe de la clínica, "si empeora, tráigamelo, por favor". De camino a casa, Max se desploma: no se mueve, ni siquiera es capaz de levantar la cabeza...

La señora R. viene directamente a mi consulta. Solo necesito tomarle el pulso para concluir que Max está a punto de morir por hemorragia. A pesar de operarlo urgentemente, extraerle el bazo y el tumor reventado, Max muere dos horas más tarde debido a una pérdida excesiva de sangre. Cuando le estaba abriendo el abdomen, la sangre del tumor rasgado fluía sin parar. Si hubiera sido operado unas horas antes, se habría salvado, ¡y los perros pueden vivir muchos años sin este órgano!

Cuando, indignada, pregunté al titular de la clínica (a quien conocía personalmente) por qué no había operado al perro urgentemente nada más llegar a su clínica por la mañana – pues el diagnóstico "ruptura de un tumor del bazo" era correcto – me respondió que, según las estadísticas, un cierto porcentaje de los tumores de bazo que se rasgan dejan de sangrar por sí solos y que, además, los perros operados no sobreviven mucho tiempo. Ante mi insistencia acerca del error de enviar al perro en tal estado a su casa, no obtuve argumentos convincentes... solo respuestas evasivas.

En cuanto a los gastos incurridos en la clínica, naturalmente no se devolvió absolutamente nada a los dueños del perro. Después de todo, allí "no habían cometido ningún error, ya que Max se encontraba mejor cuando abandonó la consulta". Al menos, eso argumentó el veterinario titular.

Tal vez debamos ser tolerantes cuando un asistente joven comete un error como éste y, a pesar de la gravedad del hecho, podemos intentar mejorar las cosas mediante una formación práctica más intensa. Sin embargo, que el director de una clínica haga esto después de treinta años de trabajo (¡!) en su propia consulta, es un auténtico testimonio de su baja clase profesional. Los ayudantes jóvenes suelen sentirse inseguros a la hora de hacer un diagnóstico, lo cual es comprensible y humano, especialmente en clínicas donde se delega en ellos mucha (o excesiva) responsabilidad. A menudo no poseen los conocimientos necesarios para realizar exploraciones clínicas sencillas, en las que se requiere cierta habilidad, empatía y la pericia que aporta la experiencia. Por puro miedo a que algo les pase desapercibido, utilizan toda la tecnología médica a su alcance y confían a ciegas en los resultados obtenidos, independientemente de que sean, o no, coherentes con la exploración clínica realizada.

Todavía no he comprendido por qué enviaron a Max a su casa, porque la tendencia general en las clínicas veterinarias es más bien "pecar por exceso, que por defecto". Al paciente se le trata cada día menos como a un paciente y más como a un cliente que debe costear, mediante su aporte económico, la financiación de aparatos caros, instalaciones exageradas y personal costoso. Esto significa que, ante las presiones económicas, los aspectos médicos están siendo relegados a un segundo término. Cuando el paciente es considerado como un cliente, recibe el trato que impera en la economía de libre mercado: se puede o se debe "vender" al sujeto tanto como sea posible, independientemente de que lo necesite, o no. La moral médica y la ética quedan relegadas a un segundo plano aunque, en medicina, – y no me refiero solo a la medicina veterinaria, sino también a la humana – nunca deberíamos olvidar que estamos tratando con seres que anhelan su curación y no vienen al médico por gusto. Por eso, si cada día existen más médicos que consideran a sus pacientes como clientes que pagan y a los que se deben vender tantas exploraciones, terapias y medicamentos como sea posible, entonces la ética profesional desaparecerá. Podremos olvidarnos de ella, porque ya solo importarán los beneficios. Y, precisamente, al propietario de un animal, que desea lo mejor para éste, se le puede persuadir prácticamente de todo. Cuanto más grande y dispendiosa sea una consulta veterinaria, mayor relevancia tendrá el aspecto económico en su modo de trabajar. En las más lujosas, impera la tendencia a adornar las cosas más de lo necesario y a jugar con el miedo y el desvelo de los clientes. Es obvio que los aparatos caros, como el tomógrafo de espín nuclear o los tomógrafos de computador, cuyos precios superan, a menudo, los 150.000 euros, deben ser amortizados, y ante estas circunstancias, no se puede tener consideración con dueños voluntariosos o recalcitrantes.

El siguiente caso, ocurrido en Baviera, ilustra espléndidamente este fenómeno. El señor P. acudió a una clínica por consejo de su veterinario habitual para que hicieran una tomografía de espín nuclear a su perro. Tras obtener el resultado y el diagnóstico correspondientes, el señor P. se negó a someter al animal, ya muy mayor, a la operación aconsejada. El buen hombre tuvo que escuchar reproches por atreverse a cuestionar una operación cuya indicación había requerido el uso de una tecnología muy cara, así como por las dificultades que su comportamiento generaba a la clínica a la hora de cubrir los gastos de tales aparatos. El señor P. se marchó con 600 euros menos en el bolsillo y juró no volver jamás por allí. Su perro vivió unos meses más sin la mencionada operación y fue liberado de su sufrimiento a los 14 años de edad.

Probablemente, muchos lectores aleguen que es necesario que existan centros capaces de realizar tales exámenes. Eso es indiscutible, pero si las exploraciones y las operaciones se realizan por afán de lucro (en lugar de por exigencias médicas) y a expensas del paciente y su dueño, estamos ante una práctica moralmente injustificable. Salvo en raras excepciones, el dueño de una mascota no tiene los conocimientos necesarios para poder juzgar qué procedimientos son realmente imprescindibles y cuáles se llevan a cabo solo para amortizar aparatos y aumentar el volumen de ventas. De esta manera, los "mercaderes", como se me antoja llamar a este tipo de veterinarios, tienen mano libre. Muchas exploraciones complicadas podrían ser sustituidas por una valoración clínica sencilla pero precisa. No obstante, debo reconocer que, frecuentemente, los propios clientes son responsables de ello, al no conformarse con métodos sencillos y exigir literalmente tecnologías sofisticadas. Y su exigencia tampoco es tan sorprendente como podría parecer a primera vista, ya que los dueños de animales están acostumbrados, desde sus propias vivencias en medicina humana, a pasar por todos los aparatos imaginables antes de recibir el diagnóstico final de su enfermedad. Sin artimañas técnicas, la medicina humana y la veterinaria de hoy día no parecen tener el más mínimo valor, porque la intuición, el sentido común y el ojo clínico, desgraciadamente ya no se llevan. Y en aquellos casos en que realmente sea imprescindible hacer una tomografía a un animal, se puede sugerir al cliente que acuda a una universidad independiente, aunque esté situada lejos de su domicilio. A pesar de que los clínicos de las universidades también están sujetos a ciertos criterios económicos, no hay tanta codicia, lógicamente, como en las consultas y clínicas privadas.

No desearía privarles en este capítulo del informe del propietario de un labrador que narra su experiencia con un neurólogo veterinario:

> Nuestra estancia en la clínica veterinaria en P. de Baviera: Todo empezó una triste mañana de lunes, cuando nos enviaron con Quipu, nuestro macho labrador de 2 años, a un

neurólogo especialista en P., por sospecha de infarto medular o hernia de disco. Mientras desayunábamos, observamos algo inusual: el perro no estaba con nosotros en el comedor. Quipu, siempre el primero en venir a la mesa debido a su insaciable apetito, no acudió después de repetidas llamadas. Estaba en el pasillo y casi no podía andar. Lo llevamos inmediatamente a nuestra veterinaria, pero ella estaba casualmente disfrutando de sus bien merecidas vacaciones de una semana al año (una desafortunada coincidencia para nosotros). Un ayudante bastante falto de recursos le hizo un reconocimiento, le inyectó cortisona y nos aconsejó ir a una clínica veterinaria de neurología, en la que un especialista, llamado neurólogo veterinario, examinaría al perro.

Nada más llegar con nuestro perro, que aún no podía andar, nos entregaron varios cuestionarios para rellenar. Mientras mi marido deambulaba por la consulta, oyó a una ayudante decir por teléfono que hoy no sería posible hacer ninguna tomografía (TC) porque había tres casos de urgencia… A su espalda, un cartel colgado en la pared indicaba que el precio de una TC ascendía a 600 euros, lo cual intranquilizó a mi marido, ya que nosotros habíamos sido recibidos con la frase: "¡Ah, ustedes son el caso urgente!". Después de haber rellenado minuciosamente todos los cuestionarios, entramos a la sala de tratamiento donde, por primera vez, vimos al neurólogo. ¡Qué impresión! Los sabios tienen fama de no prestar excesiva atención a su aspecto… pero la cabellera de este señor sobrepasaba todas las expectativas y confirmaba el estereotipo del profesor chiflado. Esperábamos encontrar un montón de aparatos de alta tecnología; sin embargo, el mobiliario de la habitación parecía el de un despacho cualquiera. El neurólogo supuso que estábamos perfectamente informados acerca del protocolo a seguir ese día, aunque nosotros intentábamos limitarnos a lo esencial, es decir, a los síntomas que mostraba el perro. Pero eso no parecía satisfacer en absoluto las exigencias de nuestro interlocutor, que entró en detalle sobre el modo de andar del perro y, por si fuera poco, echó mano de diversos recursos mímicos: o sea, este veterinario larguirucho y melenudo se entretuvo en simular los andares del perro; también dedicó una gran atención a ciertos aspectos físicos, como el ángulo de las patas traseras, la curvatura de la espalda y la expresión de la cara del perro, a partir de los cuales sacó, aparentemente, importantes conclusiones.

Entretanto, debido al efecto de la inyección de cortisona y a la deposición de unas heces voluminosas antes de entrar a la clínica, nuestro perro se había recuperado ligeramente y, durante la exploración, soltó una ventosidad impresionante. Esto causó una reacción curiosa en el neurólogo que, aparentemente, pudo deducir aspectos adicionales para elaborar su diagnóstico. Mi marido, viendo que el perro ya podía ponerse de pie, empezó a recuperarse lentamente del sobresalto de los 600 euros. Después de soltar algunos gases más, Quipu fue objeto de una exploración neurológica especial en la que el neurólogo se situó literalmente a la altura del perro (se tumbó debajo de él); seguidamente, le sacaron sangre, que fue analizada en el propio laboratorio de la consulta. Tras inyectarle vitamina B, nos aconsejaron ir a una cafetería cercana y se quedaron con el perro en observación. Mi marido, intentando procesar lo ocurrido, se mantuvo en silencio durante todo el desayuno.

Media hora más tarde, volvimos a la clínica y, desde la misma entrada, tuvimos la sorpresa de oír a nuestro perro ladrar. Cuando se abrió la puerta, Quipu salió moviendo el rabo y sin la menor señal de dolor. Abandonamos la clínica (por cierto, sin un diagnóstico claro) con 400 euros menos en el monedero, con la garantía de volver a vernos pronto y enriquecidos por una experiencia más en la vida, que no olvidaremos en muchos años.

Cuando nuestra veterinaria volvió de sus vacaciones, le llevamos el perro para que lo viera. Tras escuchar lo ocurrido, nos dijo que Quipu seguramente había comido demasiado, lo cual le había generado intensos dolores abdominales que le impedían levantarse. El montón gigante de heces y la asombrosa cantidad de gases que tenía eran claros indicadores de que se había tratado de un problema digestivo agudo. La visita al neurólogo y todas las exploraciones realizadas habían sido innecesarias y, aunque la pantomima que vimos estuvo bastante conseguida, unas entradas para el teatro habrían sido bastante más económicas...

Por supuesto, la medicina veterinaria es una profesión libre, gracias a Dios, y cada profesional debe comprar los aparatos e instrumentos que considere necesarios. Sin embargo, debo criticar enérgicamente la manera de proceder de algunos colegas frente a perros, gatos y dueños incapaces de defenderse, que están a merced de sus decisiones. Ellos son las verdaderas víctimas de una medicina subordinada a meros intereses económicos. No obstante, debo subrayar un aspecto positivo: el número de dueños críticos y bien informados, a pesar de seguir siendo reducido, está aumentando. En el caso de Max, el labrador que murió, han entrado en juego varios factores. Por un lado, naturalmente, la inseguridad de la asistente veterinaria que lo atendió y realizó el máximo número de pruebas aclaratorias posibles; por otro lado, la necesidad de sacar provecho económico del paciente. Si Max hubiera sido operado directamente, nadie se habría molestado por las exploraciones innecesarias realizadas. En este caso, sin embargo, en el que el paciente ha pagado con su vida, el procedimiento erróneo seguido adquiere una mayor relevancia.

La tendencia a la especialización es una realidad inminente que, en sí misma, no es un fenómeno negativo, ya que permite al veterinario adquirir una formación más profunda en sectores específicos que la que posee como "médico general". Pero si se concibe al paciente como un conjunto de órganos o partes que funcionan aisladamente y deben ser reparadas como tales, entonces la complejidad del organismo completo como unidad queda relegada a un segundo plano. Con toda seguridad, puedo afirmar que esta concepción es errónea.

En medicina humana, solo se tratan, en muchos casos, los síntomas. El oculista solo trata los ojos, sin tener en cuenta causas que, tal vez, estén fuera del ojo mismo; el dermatólogo se obceca con las alteraciones de la piel y no percibe relaciones importantes con el resto del organismo; el cirujano siempre opera, también en ocasiones en las que sería posible utilizar otros métodos menos invasivos etc. Desgraciadamente, esta tendencia ha cobrado también vigor en medicina veterinaria. Cada día existen menos practicantes que consideran al paciente como una integridad y lo examinan como tal y los llamados "idiotas especializados" se olvidan de la exploración clínica general que aprendieron antaño. Claro que, en realidad, ya no la necesitan, porque los pacientes que vienen a ellos, suelen ser enviados por otros colegas que ya los han catalogado. Dudo mucho que este sea el camino correcto. Bien sé que al criticar los tratamientos puramente sintomáticos, tan habituales hoy día en medicina, estoy poniendo en duda grandes apartados de la medicina oficial, pero sería demasiado extenso abordar este tema en el marco de este libro. En breve, sin embargo hablaré sobre este problema en otra publicación.

Reconocer los errores cometidos no es el punto fuerte de la mayoría de los profesionales. Por eso, después de treinta años de trabajo, dispongo de suficientes ejemplos que ilustran esta debilidad; y voy a exponerles, para terminar, un caso ilustrativo:

Mac, un macho de pastor alemán, acude a la consulta del colega M. porque cojea de la pata izquierda delantera. Se le hace una radiografía. Como no se observa nada anormal en la placa, se envía al paciente a casa con un analgésico. Una semana después, Mac sigue cojeando. Le hacen de nuevo una radiografía, esta vez en otro centro veterinario. Diagnóstico: rotura del húmero. Cuando pregunté cautelosamente al colega M. si cabía la posibilidad de que hubiera hecho la radiografía de la pata sana – puede ocurrir en la vehemencia del momento – me respondió con esta excusa: "el dueño del perro me trajo otro perro distinto la semana pasada; la radiografía era del otro". El dueño de Mac, sin embargo, solo tiene un perro pastor, por lo que se siente deliberadamente engañado. Llama al veterinario M. y le pregunta amistosamente si podría devolverle al menos una parte del dinero abonado. La respuesta es negativa. El colega no reconoce haber cometido un error. El dueño de Mac debió resignarse, pero, desde entonces, no tiene ninguna confianza en los veterinarios.

MEJOR NATURAL
TODO PARA MASCOTAS
QUÍMICA
NATURAL
ARINATURAL
2011

Capítulo 9

Los infundios más pertinaces para desprestigiar la alimentación cruda biológicamente adecuada a la especie

Cómo los veterinarios informan mal, conscientemente o por desconocimiento, para promocionar y vender piensos industriales

Estimados lectores: no es mi intención abrumarles en este capítulo con tablas de valores o con cantidades diarias recomendadas de ciertos nutrientes. Esa es una tarea propia de los libros de alimentación que, por tanto, no me corresponde realizar. En cambio, sí desearía mostrarles claramente lo sencillo que es, en la práctica, alimentar a nuestros animales de compañía como corresponde a la especie a la que pertenecen.

Comencemos con el gato

Originariamente, los gatos eran animales del desierto; es decir, según su naturaleza evolutiva, no están acostumbrados a beber mucho. Los gatos obtienen el líquido que necesitan principalmente a partir de su alimento. En la naturaleza, lo adquieren cazando y comiendo ratones (entre seis y doce al día), culebras y otros pequeños animales. Aunque parezcan muy tiernos cuando duermen acurrucados, no debemos olvidar que nuestros queridos tigres de salón son, en realidad, auténticos depredadores.

Nadie discute estos hechos, ni siquiera los llamados "expertos en nutrición", que cobran buenos salarios de las empresas que fabrican piensos y tienen la misión de elaborar productos adecuados para gatos y perros. A pesar de todo, no parece que estos señores tengan en cuenta tales informaciones a la hora de realizar su tarea. Por ejemplo: en la página web de una gran empresa de piensos de venta exclusiva en consultas veterinarias – también, entre otras cosas, de productos dietéticos – se puede leer lo siguiente: dada la condición de carnívoro del gato, utilizamos principalmente ingredientes de origen animal de alto valor (este punto ya es incorrecto, como comprobamos al analizar detalladamente la composición de los mismos). Después continúa: Estos ingredientes son combinados con hidratos de carbono (arroz y maíz) y otras fibras vegetales cuidadosamente escogidas (fibras de zanahoria, remolacha y maíz).

¡Bueno, bueno! ¿Y cómo justifican esto? Si el gato es un carnívoro puro, ¿cómo es posible que necesiten añadir hidratos de carbono a la comida y, más aún, en una cantidad que supera cuantitativamente con creces la de proteínas? Sería demasiado exhaustivo intentar analizar aquí en detalle la composición de todos los llamados "piensos alimenticios veterinarios"; además, eso ya lo he hecho parcialmente en capítulos anteriores de este libro.

Es verdad que, para la elaboración de cualquier producto, es necesario seguir un procedimiento preestablecido... el problema es, sin embargo, que el procedimiento seguido es siempre incorrecto. La información descriptiva general sobre la alimentación de los carnívoros (bien sean carnívoros absolutos como el gato, que requieren un 93% de proteína en su alimento, o bien omnívoros porque comen también otras cosas, como el perro) es adecuada. No obstante, la composición de los productos alimenticios fabricados en las industrias casi siempre difiere sustancialmente, cuando no absolutamente, respecto a la que se correspondería con esta información teórica. Sinceramente, no me explico que esta divergencia no llame la atención de un mayor número de personas; y me estoy refiriendo tanto a colegas de profesión, como a propietarios de animales informados. Es más que evidente que las necesidades del organismo de un perro o de un gato y el alimento que nos ofrece la industria de piensos se parecen tanto como el sol y la luna. ¡Algo así debería saltar a la vista de cualquier veterinario!

Veamos el extracto de una página web que recomienda con insistencia unos "piensos especiales de alta calidad" de venta exclusiva en consultas veterinarias: el riesgo de que el perro reciba una alimentación inadecuada es mayor cuanto más estrechamente unido vive al hombre, corriendo además el peligro de ser "humanizado" por sus dueños. Hasta aquí, todo es correcto, pero después continúan: por ello, a pesar de proporcionarle un alimento completo de alta calidad, todos los días nos enfrentamos a un mayor número de problemas causados por la alimentación como, por ejemplo, pelaje desgreñado, piel seca, picores o dolores articulares.

¿Puede alguien entender esta contradicción? En la alimentación cruda biológica adecuada a la especie (BARF) no tenemos ninguno de estos problemas. Toda persona que alimenta a su perro o a su gato con carne fresca, lo sabe muy bien. En el ámbito de la alimentación con piensos industriales, ¿por qué se hace referencia en primera página a posibles problemas? ¡Parece que no tuvieran mucha confianza en sus propios productos! ¿O tal vez lo presentan así para animar a los clientes a probar las diversas variedades de pienso o para que, cuando aparezcan intolerancias o incluso enfermedades, quepa la posibilidad de que se haya utilizado la variedad errónea? Una famosa veterinaria austríaca, especialista en alimentación y dietética y empleada en una de las empresas más grandes de piensos, advierte en el primer párrafo de sus múltiples "artículos especializados" (que, por cierto, tienen más bien el tono de anuncios publicitarios) que: "Los vómitos y las diarreas, así como la hipofunción intestinal y los estreñimientos se encuentran entre los síntomas más frecuentes que sufren los perros y gatos que visitan las consultas veterinarias". Habla de estos cuadros patológicos como algo "normal" y casi natural; por supuesto, acto seguido presenta el pienso dietético adecuado para combatir estos problemas: es decir, plantea la enfermedad como un estado crónico y normal.

Los gatos son carnívoros estrictos (una vez más, a modo de recordatorio: ¡necesitan un 93% de proteínas en su dieta!) y, como tales, requieren cantidades mínimas de fibra. En la naturaleza la obtienen de la piel y el pelo de sus presas. Los gatos alimentados de manera natural no tienen **ningún** problema de riñón, de vejiga, de alergias y diarreas como nuestros... – casi diría "maltratados"– tigres de salón, alimentados a base de pienso. Hoy día, la mayor parte de nuestros gatos viven en pisos, sin poder salir al exterior y son alimentados casi exclusivamente con piensos industriales. Pero ningún pienso, por mucha calidad que tenga, puede sustituir la carne cruda. Y aunque no podamos ofrecer ratones a un gato casero, mediante alimentos crudos no solo le proporcionaremos proteína de gran calidad, nutrientes vitales y vitaminas naturales, sino también quedará satisfecha la tendencia de juego y el instinto del gato. Si le damos la carne en una pieza, por ejemplo, un ala de pollo, el gato puede experimentar su instinto y propensión a jugar. Después de observar cómo disfruta un gato de piso comiendo tal manjar, la contemplación de un ejemplar que come exclusivamente latas y pienso seco puede inspirar verdadera lástima.

Imagino que, en torno a este tema, algunos lectores desearán expresar ciertos temores: ¿estará bien nutrido mi gato con carne cruda, no le faltará taurina, o esto o lo otro? ¿No sufrirá carencias alimenticias? Puedo responderles rotundamente: no. Pero este tema no se puede saldar con una sola frase.

Un gato adquirirá todos los nutrientes que requiere su organismo si come diversos tipos de carne, es decir, músculo, menudencias o tripas, también corazón e hígado, huesos y cartílagos y, de vez en cuando, espolvoreamos un poco de salvado de trigo o diversas hierbas encima de la carne, como aporte de fibra, y un par de gotas de un aceite de alta calidad. El mayor problema suele ser que los gatos que siempre han comido piensos industriales consideran la carne fresca como algo no comestible –simplemente porque no la conocen. Estos gatos están tan acostumbrados a los aditivos y saborizantes que no prueban ninguna comida que no los contenga.

En casos de gatos obstinados, se les puede ofrecer un ingrediente cocinado que, más adelante, puedan comer crudo. Por ejemplo, podemos comenzar con carne pasada por la sartén con un poco de aceite, mezclada con el pienso habitual del gato; progresivamente le iremos mezclando la carne cada vez más cruda, es decir, menos cocinada, hasta llegar a carne absolutamente cruda.

Esta labor puede resultar bastante ardua, porque los gatos son, como ya sabrá usted por propia experiencia, muy testarudos; son capaces de aguantar días enteros sin comer un alimento extraño, intentando obligar a sus dueños, mediante chillidos constantes y descorazonadores, a servirles la comida que quieren. Y, añado: casi siempre gana el gato.

Por eso, cuando los cachorros de gato que aún maman empiezan a comer solos, es conveniente ofrecerles carne cruda para que la prueben (corazón de pollo, estómago de pollo, trocitos pequeños de carne de vacuno). Si se acostumbran desde pequeños, en el futuro no habrá problemas. También les gustan mucho los huevos crudos, el queso cottage, el kéfir y la cuajada (estos productos lácteos no contienen lactosa), los cuales pueden ser incluidos sin problema en su plan alimenticio.

En el caso del gato, es imprescindible que su alimento contenga taurina (un aminoácido esencial). Dándoles carne de corazón (de ave, de cerdo o de vacuno) o marisco, el aporte de la misma está garantizado.

Solo es necesario dar pastillas de taurina a los gatos que se niegan rotundamente a comer carne de corazón o marisco. Sin embargo, la mayoría de ellos adoran la carne de corazón, de modo que se puede renunciar con toda tranquilidad a los suplementos. En la naturaleza, estos felinos engullen a sus presas con los huesos incluidos, lo cual es importante para el metabolismo del calcio y fósforo. Podemos cubrir perfectamente esta necesidad incluyendo patas, alas y cuellos de pollo en la comida de nuestros gatos. Si el gato rechaza los huesos, éstos pueden ser sustituidos por cáscara de huevo en polvo. El pescado, preferentemente de aguas saladas debido a su elevado contenido en ácidos grasos omega-3 y omega-6, también constituye un alimento altamente nutritivo para el gato.

Últimamente se han publicado bastantes libros sobre la alimentación cruda biológica para gatos y perros, de los que se puede obtener mucha información. Sin embargo, algunos de ellos abordan el tema con excesiva complejidad, postulando la necesidad de pesar ingredientes e incluso hacer diversos cálculos. Tal complejidad en el procedimiento es exagerada, ya que un gato no precisa **diariamente** una cantidad exacta de vitaminas y minerales. Si usted simplemente respeta las pocas y sencillas reglas expuestas anteriormente, no cometerá ningún error. El gato, al igual que el perro, es capaz de almacenar en su organismo vitaminas y minerales durante cierto tiempo, que serán utilizados en caso de necesidad. Por ello, los nutrientes requeridos no han de ser ingeridos diariamente y en cantidades exactas. Eso tampoco ocurre en la naturaleza.

Las ideas que acabo de exponer para el gato son igualmente válidas en el caso del perro

El perro tampoco necesita ingerir cada día una cantidad exacta de nutrientes, vitaminas etc. Más bien requiere (como el gato y, por cierto, también como el ser humano) una dieta variada que no solo cubra las necesidades de su organismo, sino también las de su sentido del gusto. Seguramente usted no come todos los días espagueti con tomate, filete de ternera o tarta de chocolate.

En perros adultos la regla de oro es: deben comer más o menos una cantidad diaria de alimento que corresponda al dos o tres por ciento de su peso corporal. Ejemplo: Si el peso ideal de su perro (cuando no está ni gordo ni delgado) son 20 kg, su ración de comida debe pesar una media de 500 g. Esta ración debe constar, más o menos, de un 70% de carne cruda o huesos carnosos y un 30% de verdura, fruta y hierbas de cocina. En el caso de perros de edad avanzada o con sobrepeso, la porción de carne disminuye en favor de la de huesos carnosos.

El perro, como el gato, no se alimenta de cereales, productos nefastos para perros obesos, poco activos o en periodo de crecimiento. El cereal contiene hidratos de carbono que aportan una energía de disponibilidad inmediata y que, en caso de no ser utilizada directamente, se acumulará en forma de grasa en el cuerpo, como reserva para posibles "épocas de necesidad". A perros sanos, delgados y activos se les puede dar tranquilamente, de vez en cuando, una pequeña cantidad de cereal.

Cuanto más diversa sea la dieta del perro, mejor: escoja usted carne y huesos carnosos de toda la variedad de animales que encuentre, sea en el supermercado, en un mercado, en la carnicería o, si tiene suerte, de un ganadero local. Una de las dos comidas del día constará exclusivamente de carne, pescado y huesos carnosos; la segunda comida constará de verdura al vapor o estofada o hecha puré (el intestino canino no puede digerir verdura cruda), hierbas y/o fruta (la fruta siempre madura o pasada). A la verdura y a la fruta se le deben añadir aceites de alto valor nutritivo (aceite de salmón, de lino, de cardo etc.) o cuajada, para facilitar la absorción de las vitaminas liposolubles. En muchos foros de BARF (alimentación cruda biológicamente adecuada) de internet y en libros especializados, encontrará listas de las frutas y verduras más beneficiosas, así como de las hierbas que se pueden utilizar. También verá listas de aquellas variedades de verdura y fruta que no son óptimas o que son menos adecuadas para el perro como, por ejemplo, las cebollas, el ajo, el pimiento verde etc.

No imponga límites a su fantasía a la hora de preparar la comida de su perro – ¡igual que en la "cocina humana"! Alimentar así a un perro puede resultar bastante creativo, como me confirman, satisfechos, muchos de los propietarios de animales "crudívoros". Porque con esta alimentación permitimos al perro ser un perro de verdad: ¡pasará horas royendo sus huesos felizmente o masticando intestinos crudos. Al mismo tiempo, conseguiremos reducir automáticamente diversos problemas de comportamiento que aparecen frecuentemente en perros faltos de entretenimiento que, después de engullir en 30 segundos su lata de comida o su pienso, buscan "víctimas" a las que poder martirizar con sus excedentes de energía (ver capítulo 5).

Queridos lectores y lectoras, algunos de ustedes, llegados a este punto, me van a replicar con toda la razón: "Sí… ¿y qué más? Trabajo, tengo hijos y un montón de asuntos en la cabeza, además tengo que preparar yo mismo la comida para mi perro o mi gato. Por mucho que quiera, es imposible".

Créanme: lo entiendo perfectamente. Yo también tengo hijos y, como ya he mencionado en este libro, tengo mi consulta veterinaria saturada de pacientes (lo cual me encanta), soy consejera de alimentación para dueños de animales y también me dedico a elaborar personalmente algunos ingredientes, ya que para muchos clientes no es fácil conseguir ciertos aceites y hierbas de alta calidad fuera de las grandes ciudades. Es decir, yo también tengo un horario muy apretado y, a pesar de ello, alimento a mi perra Paulina y a mis cinco gatos según los criterios que acabo de exponer. Naturalmente, no lo consigo siempre, pero en esas ocasiones recurro a una segunda opción, también aceptable. Muchos dueños de perros y gatos, en plena vida profesional, no pueden ir todos los días a la compra para traer carne fresca. Congelar y descongelar la comida supone también ciertas molestias y hay clientes vegetarianos que se niegan rotundamente a manipular la carne cruda. En tales casos, hay que llegar a un compromiso. Su perro o gato debería comer carne fresca al menos dos o tres veces por semana. El resto de los días, puede darle un pienso que tenga una elevada proporción de carne y no contenga aditivos.

No quiero descalificar todos los piensos que existen, porque cuando no es posible dar carne cruda se puede recurrir a ciertas marcas sin mala conciencia. Pero esas marcas no se venden ni en consultas veterinarias, ni en supermercados, ni en tiendas de animales y, menos aún, en las "cadenas de supermercados para mascotas", que últimamente están experimentando una auténtica expansión. Los piensos de estas empresas, generalmente pequeñas e innovadoras, contienen ingredientes seleccionados y proveen a sus clientes directamente y sin intermediarios.

Por ser empresas pequeñas, necesitan buscar cuota de mercado mediante una calidad suprema de sus productos, de otro modo no podrían subsistir frente a la competencia existente. Hemos de tener en cuenta que las grandes marcas producen cantidades ingentes e invierten un capital absolutamente desproporcionado en publicidad y marketing, razón por la cual no les sobra mucho dinero para la adquisición de materias primas de buena calidad. De hecho, los criadores de perros, por ejemplo, reciben quintales de sacos de pienso gratis, a cambio de que inviten a los clientes que compran cachorros a utilizar ciertas marcas. La empresa que propone mejores ofertas, suele tener más clientes.

Los veterinarios sacan provecho de unos márgenes de beneficios que aumentan proporcionalmente con la cantidad vendida y que suelen rayar en la inmoralidad. Cualquier empresa que obsequie tanto género e invierta mucho en publicidad, tendrá que recuperar las pérdidas, lógicamente, mediante una fabricación barata del producto. Por el contrario, las empresas pequeñas e innovadoras no pueden permitirse el lujo de obsequiar nada, porque deben invertir su capital en productos de calidad. Además, no tienen acceso a materias primas de la categoría 3 (véase más adelante). Por eso, estas empresas dependen de distribuidores que reparten también pequeñas cantidades y solo producen piensos de buena calidad.

Entretanto, ya han salido al mercado latas de comida para perros y gatos que, en cuanto a los ingredientes, son excelentes. Contienen carne auténtica que es calentada ligeramente en la propia lata. Es verdad que, al fin y al cabo, no deja de ser una conserva, por lo cual no debe constituir el alimento exclusivo de un animal. No deseo hacer publicidad en este tema – porque, aunque a otro nivel, entonces estaría haciendo lo mismo que los veterinarios que se encargan de dar publicidad a la industria de los piensos – pero, desde luego, sí puedo decirles: las latas de conserva de alta calidad se compran casi exclusivamente a través de internet o del fabricante directamente.

Recapacitemos: **todas** las grandes empresas, **sin excepción**, suministran productos de baja calidad. Solo utilizan materias primas de la "categoría 3", que son baratas y están disponibles casi ilimitadamente. Por cierto, las propias empresas reconocen que utilizan estos ingredientes porque es legal y, además, creen que el consumidor es tan lerdo como para no enterarse de nada.

¿Qué significa realmente materias primas de la categoría 3 (según la regulación de la UE Nr.1774/2002)? Antes de entrar en este punto, debo advertirles que lo que expongo a continuación puede incluir cierta información desagradable para personas sensibles.

Las materias de la categoría 3 son, por un lado, partes de cadáveres aptas para la alimentación, pero que, por razones comerciales, no están destinadas al consumo humano. Entre otras se incluyen: huesos, chicharrones, grasas y similares. Pero también abarca partes de cuerpos que han sido desechadas para el consumo humano, aunque todavía no manifiesten signos de transmitir alguna enfermedad contagiosa. Esta categoría también abarca: pieles, cascos, cuernos, garras, pelos, pellejos, pelos de cerda, plumas y cáscaras de huevo. Para mayor detalle en la descripción: los productos pertenecientes a la categoría 1 son cadáveres de animales de experimentación y animales sospechosos de padecer enfermedades infecciosas. Los productos de la categoría 2 son, por ejemplo, el estiércol, el contenido de los intestinos y también restos de matadero que contienen residuos de medicamentos.

Las grandes empresas elaboran sus piensos para mascotas exclusivamente a partir de materias primas de la categoría 3: este *material*, según la normativa, *debe ser inmediatamente retirado de la industria correspondiente para ser quemado o utilizado como ingrediente en una fábrica de piensos para mascotas.* Si a usted no se le cae de las manos la lata o el saco de pienso, después de haber leído esta información referente a la clasificación de materias primas y sus consecuencias y al contenido de los piensos *premium* de los supermercados, ¡puede cerrar este libro, porque no va a encontrar nada que pueda escandalizarle más!

Por la recogida y utilización de esta materia prima, la empresa cobra incluso dinero: por eso, a los fabricantes de piensos les resulta tan barata la producción. El hecho de que se utilicen restos de matadero para la alimentación de los perros no es negativo en sí mismo. Pero cuando se realiza a nivel industrial, estos residuos empiezan a descomponerse ya durante el transporte, generalmente largo y en contenedores no refrigerados. Es evidente que una "materia prima" como ésta habrá de ser sometida a altas temperaturas, triturada y esterilizada en las fábricas correspondientes, para así poder ser comercializada, al menos, como "harina animal" para la elaboración de piensos. A continuación, las grandes empresas de piensos la compran para elaborar piensos "extrusionados" y piensos enlatados. Todos los piensos secos que hay en el mercado son extrusionados, salvo unos pocos que están prensados en frío (véase más adelante).

La elaboración de un extruído recuerda, tanto en su desarrollo como en la técnica, al mecanismo de una máquina de picar carne. La mezcla de origen está constituida por la mencionada "harina animal" y cereales; la presencia del almidón del cereal resulta ventajosa, ya que forma una especie de "engrudo" pegajoso que, con ayuda de ciertos aditivos y humedad, se prensa, a continuación, en un aparato llamado "extrusionador a altas presiones (de hasta 60 bar) y temperaturas (de hasta 180 °C)", que lo empuja a través de una matriz (lámina de metal con agujeros). El producto resultante, elaborado mediante este tratamiento rápido y de gran intensidad, se llama extrusionado. En el proceso, prácticamente todos los nutrientes, proteínas, enzimas y vitaminas que había en la "materia prima cruda" son destruidos. Para poder compensar este déficit, acto seguido se añaden aditivos sintéticos. Por último, con el fin de mejorar el sabor, los "terrones" resultantes son rociados con grasas animales y aceites, ¡para que la nariz del perro o del gato se sienta seducida a comer este detestable popurrí! Por cierto, los piensos extrusionados se hinchan mucho en el estómago del animal que los ingiere y son la principal causa de las temidas y a menudo mortales torsiones gástricas (o del estómago) en perros.

Por todas las razones expuestas, el pienso seco extrusionado debe ser rechazado, incluso como alimento ocasional. El único compromiso aceptable es el del pienso seco prensado en frío. Un buen pienso prensado en frío también es sometido a calentamiento durante la elaboración (hasta 80 °C), pero nunca a temperaturas tan extremas como el pienso extrusionado. De este modo, las proteínas, enzimas y vitaminas se conservan parcialmente y no deben ser añadidas posteriormente. Debido a que el procesamiento es menos drástico, los piensos prensados en frío solo se conservan en un ambiente fresco durante medio año. A cambio, tienen la ventaja de no contener conservantes químicos que, sin duda, no pintan nada en un alimento sano para perros. A estos piensos se les añaden aceites naturales, como por ejemplo, aceite de cardo, que también ejerce una función antioxidante.

Un buen pienso prensado en frío se caracteriza por no llevar aditivos en su composición. Últimamente, algunos fabricantes de estos piensos han comenzado también a añadir aditivos artificiales a sus productos, con el fin de satisfacer las exigencias impuestas por las grandes marcas al por mayor y así cumplir con la normativa vigente para los "alimentos completos para perros". Porque, debido a que la composición natural de los piensos prensados en frío puede oscilar, el producto incumple automáticamente las exigencias legales de los piensos completos, que deben tener valores cuantitativos exactos de minerales y vitaminas (en Europa nos encanta la "normativa"; si no, observen ustedes las manzanas, plátanos y pepinos que compran habitualmente en el supermercado). Surge entonces la lamentable paradoja de que estos piensos de buena calidad obtienen siempre peores resultados que los piensos extrusionados en los test para consumidores (por ejemplo, en pruebas como el "*Stiftung Warentest*" o el "*Eco-test*" que, lamentablemente, no califican el valor auténtico del pienso según criterios relevantes). Y, al final, el consumidor recibe una información errónea en cuanto a la calidad de las diversas marcas. Si analizamos los resultados de algunos sondeos de este tipo, constataremos que todos los piensos que contienen aditivos en cantidades invariables, obtienen siempre el primer puesto. Es decir, las empresas que fabrican siempre un cóctel químico idéntico serán las ganadoras, ya que en estos exámenes no se hacen distinciones sobre si la materia prima utilizada es de gran calidad o son productos de desecho. Por cierto, desgraciadamente, todavía no existe un pienso prensado en frío para gatos.

La carne cocinada en casa tiene tan poco valor como la carne de conservas, ya que la cocción destruye proteínas, vitaminas y otros elementos vitales de gran valor nutritivo. En cierto modo, también se trata de una conserva y no dejará de serlo – ¡eso es indiscutible! – aunque, al menos, no contenga aditivos químicos. En capítulos anteriores del libro he expuesto con detalle cómo la alimentación unilateral con alimentos industriales provoca enfermedades en nuestros animales domésticos que, antes de la era de los piensos, eran casi desconocidas. A continuación, procedo a revelar los ralos y descabellados argumentos que utilizan los veterinarios, la industria de piensos y otras instituciones estrechamente "compinchadas" con los fabricantes de piensos (por ejemplo criadores, asociaciones, refugios o perreras), para desprestigiar la alimentación a base de carne cruda.

Argumento Nº 1:
"Comiendo carne cruda, los perros y los gatos pueden infectarse con gusanos (parásitos internos)". ¡FALSO!

Los ratones constituyen la principal fuente de infección de gusanos en los gatos; en el caso de los perros, sin embargo, suele ser el contacto con sus congéneres. La carne que se compra en los supermercados o directamente de un ganadero ecológico es sometida a exámenes tan exhaustivos que podemos considerarla un alimento rigurosamente controlado. En los análisis de la carne, casi es imposible que algo pase inadvertido como, por ejemplo, la infestación con cisticercos de tenias etc. Además, debo añadir que el intestino de un animal que come carne cruda es más resistente a la infeción por parásitos internos, gracias a que posee una flora intestinal mucho más agresiva que no permite el fácil asentamiento y la reproducción de los mismos. En animales alimentados con piensos industriales, sin embargo, no es así.

Argumento nº 2:
"La carne cruda tiene bacterias, especialmente la Salmonella (carne de pollo), que pueden hacer que los perros y gatos enfermen." ¡FALSO!

Puesto que los gatos y los perros tienen un intestino muy corto por el que los alimentos pasan rápidamente, son especies insensibles a la Salmonella y a otras bacterias. También se puede afirmar a este respecto que un animal casero alimentado con carne cruda posee una flora intestinal natural y agresiva, contra la cual estas bacterias no pueden competir. Además, en la naturaleza, las presas tampoco están desinfectadas –todo lo contrario. Si comparamos la carne del supermercado con los ratones u otras presas, podríamos considerar la primera como un alimento casi estéril. Por supuesto, existe un peligro teórico mínimo de infección por Salmonelosis, pero: "Solo cuando un animal está debilitado a causa de otros factores (por ejemplo, está infestado de parásitos o virus, ha sufrido una intervención quirúrgica etc.), alguna cepa virulenta podría reproducirse provocando, tras un tiempo de incubación de dos a siete días, las manifestaciones patológicas correspondientes" ("*Enfermedades del gato*", Vera Schmidt y M. Ch. Horzinek (eds.)).

Este riesgo, por tanto, es casi nulo en condiciones normales. En los treinta años que llevo ejerciendo la medicina veterinaria, nunca he tenido la sospecha de una infección de Salmonelosis en un gato. Yo misma alimento a mis gatos con carne cruda de pollo, de ternera y de cerdo desde hace años, sin que jamás hayan enfermado de Salmonelosis.

Si alguna persona, a pesar de lo expuesto, tuviera ciertos reparos respecto a este tema, tendría la opción de congelar la carne antes de dársela a su gato, ya que esto aniquila con seguridad las Salmonellas. Respecto al riesgo de infección con el peligroso y frecuentemente citado herpesvirus porcino 1 o virus de Aujesky en la carne de cerdo, el riesgo es mínimo, ya que este virus ha sido erradicado de Europa desde hace treinta años. Tampoco conozco ningún caso de un gato que haya enfermado con este virus por comer carne de cerdo cruda. Las personas que, aun así, teman comprar carne de cerdo en el supermercado, porque pueda provenir de países no pertenecientes a la UE, tienen la opción de comprar carne de un ganadero local o biológico.

En general, para crear inseguridad entre los propietarios de animales y conseguir que éstos, a su vez, consideren el pienso como algo "conveniente", se exageran los peligros potenciales de la alimentación natural, por mínimos que sean. En realidad, la posibilidad de enfermar gravemente a causa de una alimentación con pienso industrial es mucho mayor que la de enfermar por infección bacteriana o posibles parásitos ficticios presentes en la carne cruda. Yo califico estos rumores de puro alarmismo, difundidos con el propósito de que el pienso parezca la opción más atractiva y sana, frente a la alimentación cruda natural. Tras largos años de trabajo en mi consulta, he tratado multitud de animales verdaderamente enfermos por haber recibido una alimentación a base de pienso industrial. Sin embargo, aún no he visto ningún paciente que haya sufrido daños comprobados por haber sido alimentado con carne cruda.

Argumento nº 3:
"Los piensos contienen todos los ingredientes que necesitan los perros y los gatos". ¡FALSO!

El pienso contiene precisamente todo lo que un perro o un gato **no** necesita Para encubrir el sabor de materias primas de pésima calidad (categoría 3 de los desechos del procesamiento de la carne), es imprescindible añadir aditivos saborizantes a los piensos. Claro… porque nuestros perros y gatos son inteligentes y, en ningún caso, comerían o rozarían estos desechos, si no fuera por los aditivos que contienen para corregir y mejorar el sabor. Ergo, hay que intentar burlar sus papilas gustativas.

Uno de los principales aditivos utilizados en la industria con este fin es el azúcar, sustancia camuflada en la declaración de ingredientes bajo la denominación de "caramelo". Por desgracia, el azúcar es nefasto para perros y gatos y, en caso de consumo continuado, puede causar diabetes, problemas en las articulaciones, daños en el esmalte dental etc. Independientemente de que actualmente existan piensos adecuados para mascotas según su tamaño, edad, raza, sexo del animal e incluso para castrados y no castrados, lo cual en sí ya es una señal de la insuficiencia de los mismos, estos productos requieren la adición de vitaminas sintéticas, minerales, aminoácidos y mucho más. Tales aditivos son imprescindibles ya que, durante la elaboración, prácticamente todos los nutrientes son destruidos o desnaturalizados. Por si fuera poco, las vitaminas sintéticas añadidas no se han extraído a partir de alimentos como los cereales, la fruta y la verdura, sino que son sintetizadas artificialmente en el laboratorio: es más sencillo y, por supuesto, más barato. Las vitaminas sintéticas no son en absoluto comparables a sus equivalentes naturales, ya que carecen de las sustancias que van asociadas a ellas en la naturaleza, por ejemplo, en la fruta o en la verdura. Además, la síntesis química solo permite obtener un único compuesto de la vitamina correspondiente. Por ejemplo, se estima que la variedad de compuestos existentes en el grupo de los carotenoides (precursores de la vitamina A) abarca más de 270 variantes. La producción artificial sintetiza únicamente un compuesto, concretamente el betacaroteno. Como consecuencia, se produce una reducción de la riqueza que aportan estas vitaminas, que puede y tiene consecuencias negativas sobre el metabolismo del organismo animal.

El hecho es que las vitaminas sintéticas, al carecer de las sustancias que deberían ir asociadas a ellas, son absorbidas a la fuerza por el intestino. Digamos que el control intestinal queda anulado y las vitaminas sintéticas entran en la sangre y en los órganos internos sin encontrar ninguna barrera. Llega un momento en que el metabolismo se satura, especialmente el metabolismo hepático y renal, y se producen reacciones inmunológicas y, en ciertos casos, degeneraciones tumorales. El aporte excesivo, por un lado, puede generar paradójicamente síntomas de carencia por otro.

Aún estamos lejos de comprender un tema tan complejo como el de las vías metabólicas de las vitaminas y sus funciones. Especialmente la investigación sobre la interacción y la colaboración entre ellas, con los oligoelementos y con los minerales, se encuentra aún en pañales. Y faltando tantos aspectos por esclarecer, ¿cómo podrían explicarnos los expertos en nutrición la manera de fabricar un alimento equilibrado para perros? Es una realidad el que casi todos los piensos son un revoltijo artificial de químicos mezclados en el laboratorio. Por supuesto, no englobo en el mismo saco, junto a los "grandes", a los pocos fabricantes de pienso que constituyen la excepción de la regla al no utilizar vitaminas sintéticas, renunciar consecuentemente a aditivos saborizantes, utilizar procesos de elaboración en los que la estructura natural de los ingredientes se mantiene etc.

En general, los veterinarios no son eruditos en el tema de las "vitaminas sintéticas". Hoy día y desde hace mucho tiempo, las vitaminas sintéticas (entre 150.000 y 200.000 toneladas anuales) no se obtienen a partir de materias primas naturales. Para la industria, es mucho más barato obtenerlas a partir de bacterias o plantas genéticamente modificadas. Así ocurrió que una modesta planta llamada "arabidopsis thaliana" consiguió alcanzar una fama insospechada cuando se consiguió que, mediante manipulación genética, produjera vitamina E en grandes cantidades y en un corto plazo de tiempo. Sin embargo, no se concedió importancia al hecho de que la vitamina sintetizada en el laboratorio estuviera formada por tan solo uno de los diversos compuestos que en la naturaleza muestran actividad de vitamina E. Por otro lado, la producción artificial convencional de vitamina B a partir de biomateriales (cadáveres), tampoco es muy apetecible... y actualmente se están utilizando para su síntesis bacterias manipuladas genéticamente, en lugar de cadáveres.

Todos los piensos industriales ordinarios que se venden en las consultas veterinarias contienen exclusivamente vitaminas sintéticas. Pregunte algún día a su veterinario si sabe cuál es la diferencia entre las vitaminas naturales y las artificiales, cómo se sintetizan estas últimas y qué importancia tiene la falta de riqueza o multiplicidad de compuestos en los preparados vitamínicos sintéticos. Seguramente **no** lo sabrá. Las empresas de piensos para mascotas son muy ingeniosas y saben adaptarse a las exigencias del mercado. Últimamente, están utilizando slogans como, por ejemplo, "sin conservantes artificiales" o "con antioxidantes naturales". En el primer caso, nos están ocultando que las grasas utilizadas, generalmente adquiridas de otra empresa, contienen cantidades considerables de conservantes químicos, pero por haber sido compradas a otro fabricante, ellos están eximidos de declararlas. En el segundo caso, el de los "antioxidantes naturales", hacen publicidad con la vitamina E. Pero la vitamina utilizada, véase más arriba, se sintetiza artificialmente y es cualquier cosa menos natural. Así, de manera sistemática, se mantiene a los consumidores sumidos en la ignorancia. En la publicidad se abusa de un término tan mal utilizado como el término "bio". Una lata con la inscripción publicitaria "cordero-bio" no contiene más del 3 o 4% del ingrediente "cordero-bio", además de que ¡el ingrediente "bio" consta solo de desperdicios del animal, no de carne! Entre los propietarios de animales, solo una minoría es consciente de cómo y con qué frescura somos estafados por la industria.

Recientemente, se ha puesto también de moda incluir en la composición del pienso ingredientes exóticos de extractos de plantas como la yuca, el aloe o la alfalfa. Para tratar ciertas enfermedades puede tener sentido utilizar estos ingredientes. No obstante, el efecto de algunos de ellos ha mostrado ser tóxico a largo plazo, especialmente en gatos, y no es posible evaluar las consecuencias de un consumo permanente. Para mí, es un enigma que las empresas de piensos utilicen estos ingredientes; tal vez lo hagan para diferenciarse de los competidores o, simplemente, para presentarse como innovadoras y especiales. Con estas estrategias, no es difícil manipular a los dueños de animales caseros.

Argumento nº 4:
"El exceso de proteínas supone una sobrecarga excesiva para el riñón (especialmente en gatos) y es uno de los factores que provocan alergias (principalmente en perros)". ¡FALSO!

Comencemos con lo de la "sobrecarga para el riñón por un exceso de proteínas en los gatos" (véase también capítulo 1). Esta es una afirmación propagada por las empresas de piensos para justificar los ingredientes de ínfima calidad con los que ellas elaboran sus productos. Precisamente los gatos necesitan un elevado porcentaje de proteínas de alto valor y no son capaces de metabolizar en absoluto la gran cantidad de cereales que contiene, por ejemplo, el pienso seco. Es decir, no es el **exceso** de proteína lo que los hace enfermar, sino el **defecto**.

Por otro lado, cuando un cliente acude a la consulta pidiendo consejo sobre la alergia de su perro, normalmente el veterinario menciona el exceso de proteínas como posible causa y, acto seguido, le recomienda algún pienso de bajo contenido proteico o incluso vegetariano. Es imposible que este método proporcione buenos resultados y, de hecho, no ocurre así. El problema es muy distinto: las proteínas de baja calidad pueden provocar alergias; por el contrario, un alimento que contiene proteínas de alto valor biológico no produce tales reacciones (salvo si existen otros factores que las estén provocando). La alimentación puramente vegetariana, como recomiendan algunos veterinarios, es también realmente peligrosa para el perro. Existe, incluso, un pienso dietético vegetariano, de venta exclusiva en consultas veterinarias. Con este tipo de alimentación unilateral se genera una carencia de proteínas y fósforo y los perros alimentados así durante largos períodos de tiempo sufren pérdidas notables de masa muscular y eczemas. La flora bacteriana del perro no está concebida para digerir alimentos vegetales, a partir de los cuales el organismo del perro pueda sintetizar después las proteínas específicas que forman su musculatura, tejido imprescindible para esta especie. Esa capacidad solo la poseen los herbívoros, cuyo intestino es mucho más largo que el de los carnívoros y posee cámaras de fermentación que les permiten digerir correctamente la fibra vegetal. Los carnívoros, por el contrario, poseen un intestino corto y una flora intestinal adecuada para la digestión de proteína animal. No podemos convertir un perro en una vaca, igual que no podemos convertir una vaca en un carnívoro. Recordemos el desastre que supuso la enfermedad de las "vacas locas" (BSE del ganado vacuno): en aquella ocasión, estos animales vegetarianos fueron alimentados con harinas animales. Las consecuencias son bien conocidas por todos. Por eso: ¡que el perro siga siendo perro y la vaca, vaca!

Argumento nº 5:
"El gato y el perro necesitan hidratos de carbono como fuente de energía". ¡FALSO!

Es evidente que el cereal es un ingrediente mucho más barato que las materias primas de origen animal. Por eso, las empresas nos quieren convencer de que nuestros perros y gatos necesitan hidratos de carbono como el arroz, el maíz etc. Los hidratos de carbono solo son útiles para las empresas de piensos, pero no para los animales. El gato puede cubrir sus necesidades energéticas totales a partir de proteína animal y el perro tampoco requiere hidratos de carbono. Los perros alimentados exclusivamente con pienso seco desarrollan una flora intestinal que se va adaptando, o se tiene que adaptar forzosa y progresivamente a los hidratos de carbono fácilmente digeribles que contiene el producto. Esta flora bacteriana favorece el crecimiento de levaduras y bacterias que no deberían estar presentes en un intestino canino "normal". Por eso, estos perros sufren trastornos digestivos (exteriorizados en forma de diarreas) y tienen predisposición a ciertas enfermedades. Llega un momento en que el intestino, que representa una barrera entre las sustancias dañinas y el organismo, no es capaz de seguir realizando su función. El sistema se colapsa, lo cual se manifiesta mediante el fenómeno que llamamos enfermedad. Además, las bacterias y levaduras que proliferan gracias a esta alimentación rica en hidratos de carbono, secretan toxinas que crean adicción y pueden provocar repetidos ataques de hambre, destinados a satisfacer la necesidad de más carbohidratos. ¡Para preservar la flora bacteriana del intestino y la salud del perro, es necesario abstenerse en gran medida de los hidratos de carbono!

Argumento nº 6:
"Con el tiempo, los gatos y los perros se han adaptado a la alimentación con piensos". ¡FALSO!

La producción y venta de piensos a gran escala no comenzó hasta finales de los años sesenta y principios de los setenta. Si consideramos el tiempo necesario (miles de años) para que la evolución opere cambios profundos en las especies como, por ejemplo, la adaptación de la digestión y del metabolismo del gato a presas de pequeño tamaño, ¡es imposible que se haya producido una modificación orgánica en el intestino de este animal en los cincuenta años transcurridos desde que los piensos se han comercializado a gran escala! Naturalmente, la selección efectuada por los criadores puede generar cambios, pero éstos afectan exclusivamente a características externas del perro y del gato como, por ejemplo, el tamaño, el color del pelaje o la forma corporal. El aparato digestivo y, por tanto, la digestión del perro o del gato es idéntico al de un lobo o un gato salvaje respectivamente y no se han adaptado a ningún otro alimento que al que corresponde a su especie. Es increíble que se recurra a un argumento tan retorcido con el fin de manipular a los consumidores.

Argumento nº 7:
"El pienso seco previene la formación de sarro dental y limpia los dientes". ¡FALSO!

El perro es un animal que "engulle", es decir, traga su alimento en pocos segundos sin masticarlo. Solo mastica correctamente los pedazos grandes de carne y, naturalmente, los huesos o la carne seca. Lo mismo ocurre con el gato, que traga los alimentos húmedos y secos sin masticar mucho. La formación de sarro en los dientes está causada únicamente por una alimentación incorrecta. La falta de masticación, la consistencia excesivamente blanda de la comida, que es tragada directamente, y la composición errónea del pienso (demasiado azúcar, demasiados hidratos de carbono), fomentan la formación de sarro. Pero, naturalmente, el mercado también ha encontrado una solución adecuada para este problema: ya existen piensos especiales para la limpieza dental y dentífricos para perros y gatos con agentes abrasivos, enzimas o sustancias antimicrobianas que, además de la limpieza mecánica, efectúan una limpieza química (cualquiera que haya intentado lavar los dientes a su gato alguna vez y lo haya superado sin grandes lesiones, puede sentirse orgulloso...).

Hoy día, cerca del 60% de los gatos caseros y del 80% de los perros sufren enfermedades dentales a partir de los tres años, lo cual incluso se acepta como algo "normal". Por supuesto, hay perros y gatos que tienen mayor predisposición genética a padecer enfermedades dentales que otros.

Sin embargo, el aumento de estas patologías es la consecuencia evidente de una alimentación errónea. En lugar de proponer a los propietarios que alimenten a sus perros con pedazos grandes de carne o huesos, se les sugiere que les cepillen los dientes a diario y/o los alimenten con un pienso seco que realice una limpieza dental adicional.

El efecto limpiador de estos "piensos secos para la higiene dental" se basa generalmente en la textura y forma de sus gránulos. Las llamadas "croquetas" o gránulos individuales tienen un tamaño y forma tal, que el gato o el perro, para poder tragárselos, tiene que masticarlos forzosamente. Pero, en realidad, el principio no funciona como debería, porque las croquetas son tan quebradizas que se rompen nada más morderlas. A estos alimentos "orales" o "dentales" se les añaden, además, aditivos especiales como apoyo a su función limpiadora. En algunos casos, se añaden micro-cristales de polifosfatos que raspan la placa dental. No es fácil imaginar los efectos de este pienso en el intestino porque, tanto el perro como el gato, se lo tragan a menudo entero o, en el mejor de los casos, después de masticarlo una única vez. Por si fuera poco, estos productos incluyen en su composición sustancias antibacterianas o antiinflamatorias, es decir, ¡podemos encontrarnos con formidables cócteles químicos!

A continuación, muestro una cita de una revista de perros, en la que un veterinario hace publicidad de unas "barritas para morder" de efecto limpiador dental, los llamados *Dentastix* para perros: *Dentastix* es un método sencillo y efectivo para mantener la dentadura de los perros sana y limpia. Estas barritas limpiadoras no solo tienen buen sabor, sino que proporcionan al perro el placer de roer durante un buen rato y su efectividad ha sido probada clínicamente. El uso diario de *Dentastix* puede disminuir la formación de placa dental y sarro hasta un 80%.

Naturalmente, no se menciona qué empresa ha realizado estos estudios "clínicos" que, por cierto, siempre dan resultados positivos para el producto, porque son realizados por las mismas compañías que los fabrican… y los veterinarios, como lobistas corrompidos, se dejan enganchar porque, evidentemente, serán recompensados con creces. No solo es sospechoso que las barritas para roer recomendadas por esta empresa tengan únicamente un 4% de carne, sino que el resto se compone de residuos procedentes del procesamiento de cereales y de grasas de ínfimo valor y, además, contienen azúcar, ingrediente bien conocido por todos por sus espléndidos efectos sobre los dientes...

El veterinario corrompido continúa así con su recomendación: "No dé huesos a su perro, ya que pueden causarle problemas de salud como, por ejemplo, estreñimiento fuerte". Esta cita es literal. ¿Se creerá él mismo lo que está diciendo? No me lo puedo imaginar... Aunque, cuando reviso los diversos testimonios de mis colegas referentes al tema de los huesos, creo que ya no me queda nada por oír.

Argumento nº 8:
"No dé huesos a su mascota. Los huesos se astillan y pueden causar estreñimiento". ¡FALSO!

Los huesos crudos no se astillan en absoluto, ya que son elásticos Los huesos cocinados, debido precisamente a la cocción, se vuelven quebradizos, pueden astillarse y, por tanto, son peligrosos para perros y gatos. Los huesos crudos, sin embargo, son absolutamente seguros, ya que poseen fibras elásticas que los mantienen relativamente blandos. Cuando se da una cantidad enorme de huesos crudos a un perro, las heces pueden endurecerse un poco, pero eso se evita sencillamente dejando algo de carne pegada al hueso o dándole un pedazo de carne cruda o asaduras junto con el hueso. En los treinta años que llevo trabajando como veterinaria, no he visto un solo perro estreñido por haber comido huesos crudos. Por el contrario, sí he visto muchos canes estreñidos por haber comido huesos cocinados; algunos de ellos, incluso, tuvieron que ser operados.

Por eso: ¡por favor, no dé **nunca huesos cocinados** a sus animales! pero tenga presente que ¡los huesos crudos no perjudican en absoluto! En la naturaleza, las presas tampoco están cocidas, ni siquiera al vapor: los pájaros, por ejemplo, son engullidos íntegros (¡!) con gran placer por los perros y, especialmente, por los gatos, como todos sabemos.

Si no fuera así, continuamente habría "emergencias", porque los huesos de pollo supuestamente "se astillan y son tan peligrosos"... Este es el infundio más resistente y extendido de todos. Los veterinarios, al igual que el colega mencionado anteriormente por su página publicitaria, divulgan alegremente este disparate. Precisamente, los huesos y los cartílagos son extremadamente importantes en la alimentación de perros y gatos y mediante su inclusión en la dieta, es imposible que se produzca un desequilibrio entre el calcio y el fósforo, ya que estos dos minerales se encuentran en su composición natural y en una relación fisiológica. Tampoco corremos el riesgo de una dosificación excesivamente alta (como ocurre con los suplementos minerales artificiales o con los alimentos elaborados químicamente en laboratorios), ya que las cantidades sobrantes son excretadas con facilidad.

Un perro debería comer huesos carnosos tres veces por semana, aproximadamente. Al gato también se le pueden dar huesos picados (pasados por una máquina picadora de carne). Haciendo esto no necesitamos preocuparnos en absoluto por la ingesta de calcio y fósforo del perro o el gato. Los animales alimentados con carne y huesos crudos no padecen prácticamente nunca las temidas enfermedades articulares, como displasia de cadera, de codo etc.

Argumento nº 9:
"La alimentación preparada en casa requiere los conocimientos de un experto y resulta demasiado complicada para los inexpertos". ¡FALSO!

¡Este mito ha sido inventado por las empresas fabricantes de piensos! Antes del "descubrimiento" de los piensos industriales, nuestros perros eran alimentados con restos de carnicerías y de comidas y la mayoría de las enfermedades que hoy proliferan no existían o eran muy raras. Hoy día agrupamos estas patologías bajo el nombre de "enfermedades de la civilización" y las consideramos, tanto por los veterinarios como por los dueños de animales, como algo "normal". A veces se tiene incluso la impresión de que algunos propietarios de animales estén orgullosos de que su perro padezca la misma enfermedad que ellos (por ejemplo, diabetes), según el proverbio: Desgracia compartida, menos sufrida. Para concluir, recordemos que ¡los clientes ponen en nuestras manos la salud de sus animales, seres indefensos que están a merced de sus propietarios y de los veterinarios – y, con ellos, de la industria de piensos.

ARÍNATURAL
2011

Capítulo 10

Cómo puede usted proteger a su perro o a su gato de intervenciones dañinas y tratamientos innecesarios

Soluciones por el bien de los animales

Indudablemente, escribir este último capítulo, en el que manifiesto de manera explícita mi disconformidad con algunas de las prácticas de mis colegas de profesión, no es una tarea sencilla para mí. No obstante, el sentido y la finalidad de este libro es desenmascarar situaciones deplorables y proteger a nuestros animales de métodos de diagnóstico e intervenciones innecesarios y de tratamientos que los hacen enfermar.

Deseo mencionar finalmente el nombre de una veterinaria alemana por la cual siento una gran admiración, debido a su coraje y a su capacidad de ser consecuente en la vida: me refiero a mi colega Vera Biber, autora de algunos libros muy reveladores sobre la alimentación adecuada de nuestros perros. Mucho antes que yo, Vera Biber se percató de lo que estaba sucediendo en las consultas veterinarias y de cómo estábamos generando multitud de animales enfermos mediante la promoción de una alimentación incorrecta. Por eso, comenzó a divulgar la importancia de la prevención y de la información de los propietarios por encima de todo. Incluso ha tenido el valor de renunciar a su consulta para dedicarse exclusivamente a escribir libros de alimentación animal y a dar conferencias sobre la prevención de enfermedades en nuestros animales caseros. ¡Una profesional realmente admirable!

El otro propósito de este libro es proporcionar información a los propietarios de animales y, tal vez, conseguir (de paso) que algún colega de profesión reflexione acerca de su trayectoria de trabajo hasta el momento o, al menos, se cuestione algún aspecto de la misma e intente cambiarlo.

Así pues, comencemos por el principio. Imagine la siguiente situación: usted va a una consulta veterinaria y entra en la recepción o en la sala de espera. Si lo primero que llama su atención al entrar son estanterías de publicidad con folletos y paquetes de muestra de piensos de conocidas empresas y, casualmente, su animal padece una afección crónica, ¡salga huyendo de allí lo más deprisa posible! ¿Por qué? Porque mediante su oferta de piensos, estas consultas están revelando simple y llanamente cuán incompetentes son y se están descalificando a sí mismas, ya que precisamente la falsa alimentación es una de las principales causas de la aparición de enfermedades crónicas.

La exhibición de carteles en las paredes con apelaciones a vacunaciones anuales o con alusiones a productos para la desparasitación interna y externa es también un claro indicador de que estamos ante una "consulta-negocio", más interesada en la venta de sus productos que en la salud de sus pacientes. Acuda a estas consultas solo en caso de emergencia, si su mascota, por ejemplo, necesita ser atendida rápidamente después de un accidente. Estas consultas son igualmente inapropiadas para tratar enfermedades metabólicas ya que, en general, sus veterinarios intentarán vender al dueño el pienso dietético correspondiente a cada patología. La visita a tales consultas no le aportará mucho más que elevados costes por un alimento de baja calidad y absolutamente inadecuado para esta especie.

Seguramente, estará usted repasando mentalmente en este instante la consulta de su propio veterinario y, probablemente, concluirá que es muy parecida a todas las demás que conoce. En las salas de espera, el elemento dominante suele ser la publicidad de piensos para perros, además de los anuncios de diversos productos farmacéuticos que, literalmente, abruman a los clientes. Yo, personalmente, en consultas de medicina humana evito a los doctores que se rodean de un ambiente donde la publicidad farmacéutica está omnipresente, como acabo de describir. No se debe confiar en un médico que da publicidad a ciertos productos con su nombre porque, sin duda, a la hora de escribir sus recetas no va a ser imparcial. Con los veterinarios sucede exactamente lo mismo: las empresas farmacéuticas que ofrecen los mayores descuentos y financian congresos y muchas más cosas a los veterinarios (¡!), compiten literalmente por los negocios más lucrativos (en medicina humana es aún peor). Cuando el precio y la oferta son buenos, la calidad del medicamento pierde relevancia. Además, entre las empresas farmacéuticas, tanto de medicina humana como de veterinaria, impera la costumbre de "promocionar con ímpetu" los medicamentos recién lanzados al mercado que, generalmente, son caros a pesar de ser muy similares a los ya existentes, salvo en pequeñas características no significativas, además del precio.

Por si fuera poco, los veterinarios prefieren utilizar medicamentos caros con los que, lógicamente, obtienen mayores beneficios que con los genéricos, de igual calidad, pero mucho más baratos. Los genéricos son medicamentos que contienen exactamente el mismo principio activo que el de un original cuya patente va a caducar en un corto plazo de tiempo, motivo por el cual pueden ser imitados. Un buen ejemplo de ello es un medicamento para las enfermedades de corazón en perros que, en caso de terapia de larga duración –como suele ocurrir– resulta bastante caro para muchos clientes. Una caja del original (14 pastillas) de este medicamento (*Fortekor* 5 mg, con el principio activo *benazepril*, un inhibidor de la ACE) cuesta 18,50 euros. Para un perro pequeño que requiere una tableta diaria, el coste mensual asciende a casi 40 euros. Sin embargo, si el dueño compra un genérico que es mucho más barato (el efecto es idéntico), solo tendrá que pagar 10 euros por 98 pastillas, también de 5 mg de *benazepril*. Eso supone un coste mensual de 3 euros, es decir, menos de una décima parte del coste anterior. Por otro lado, el veterinario obtiene menos beneficios vendiendo el genérico, por lo que, evidentemente, ¡no le interesa hacerlo!

Personalmente, no conozco ninguna consulta veterinaria en la que no se anuncien productos en la sala de espera. Una vez me tomé la molestia de visitar por internet aproximadamente cien consultas veterinarias. Actualmente, la mayoría de las consultas tienen página web, lo cual permite hacer visitas virtuales a sus diversas dependencias. En esta búsqueda, encontré muy pocas salas de espera y recepciones en las que no se exhibieran gamas de piensos. En el caso de algunos colegas ¡las habitaciones parecían más bien comercios de alimentación! No existe ningún veterinario convencional que no venda piensos dietéticos en su consulta – yo, al menos, no he podido encontrarlo.

Las pocas salas de espera verdaderamente neutrales, gestionadas sin "propaganda a presión", son las de las consultas que practican también (o únicamente) medicina alternativa. No deseo utilizar la palabra "alternativa" como expresión del polo opuesto al de la medicina oficial, ya que, por suerte, también existen veterinarios que, además de los simples tratamientos sintomáticos, han reflexionado para encontrar métodos alternativos más suaves con los que poder ayudar a sus pacientes cuadrúpedos. Tampoco deseo, en absoluto, cuestionar la medicina oficial que, en urgencias y para muchas enfermedades, es indispensable. No obstante, también presenta grandes inconvenientes. Precisamente para el tratamiento de enfermedades crónicas, no dispone de medios adecuados; casi siempre ofrece solo tratamientos sintomáticos que, generalmente, también acarrean graves efectos secundarios.

Es muy curioso que las consultas veterinarias dedicadas a terapias como la acupuntura, la homeopatía, la alimentación natural etc., por nombrar algunas de ellas, no exhiban prácticamente publicidad de piensos industriales y productos farmacéuticos en sus salas de espera. Además, los colegas que se capacitan en especialidades "alternativas" suelen ser más críticos y se cuestionan las causas de las enfermedades con más seriedad que sus colegas de la medicina oficial. Y cualquiera que se cuestione seriamente estos temas, descubrirá en algún momento cómo está organizado el sistema y cómo los veterinarios son instrumentos de la industria; no solo en lo relativo a los piensos, sino también en cuanto a la venta sin espíritu crítico de otros productos como, por ejemplo, suplementos alimenticios, medicamentos para la desparasitación de gusanos, pulgas, garrapatas y muchas otras cosas. Estos profesionales no permiten que sus consultas se conviertan en locales expendedores, a cuyas puertas están sentados los representantes de la industria farmacéutica y de la industria de los piensos con las llaves en la mano. Quiero manifestar la urgencia de una renovación por el bien de los pacientes, no por el bien de los monederos. Lo mejor sería que las personas cuyos animales padezcan alergias, enfermedades metabólicas o patologías articulares evitasen acudir a tales consultas veterinarias, porque en ellas no van a ser bien aconsejados sino, más bien, van a iniciar una odisea que seguramente durará meses o años, deambulando de una a otra consulta que, casualmente, es similar a la anterior. Precisamente las alergias requieren tratamientos de larga duración y, si un veterinario no ofrece más opciones que los test de alergia, cortisona, inyecciones de antibióticos y piensos dietéticos, lo mejor que puede hacer el cliente es abandonar la consulta. Ahorrará mucho dinero y mucho sufrimiento.

Es posible que sea necesaria una buena dosis de paciencia hasta encontrar una consulta veterinaria adecuada. Afortunadamente, éstas son cada día más abundantes, ya que la demanda por parte de los clientes de tratamientos alternativos ha aumentado mucho. En ellas prevalece una actitud crítica en temas tan básicos como la alimentación adecuada para cada especie y el uso de medicamentos.

Sigamos adelante: entra usted a la sala de tratamiento y coloca su animal de compañía en la mesa de reconocimiento. Ese es un momento clave para recabar ciertas impresiones: el veterinario… ¿le interroga detalladamente sobre su mascota?, ¿se informa acerca de las terapias realizadas anteriormente?, ¿acerca de los medicamentos tomados?, ¿sobre la alimentación? ¿O tal vez no pregunta nada, simplemente actúa?

Naturalmente, para usted es difícil valorar si el diagnóstico del veterinario y el tratamiento propuesto son necesarios y la mejor opción para su mascota. Muchos caminos llevan a Roma… y, por supuesto, a cada veterinario se le debe conceder cierta libertad personal, pero existen algunas reglas básicas que pueden servirle de guía.

En general, manténgase alejado de:

- ✓ Veterinarios que soliciten la cartilla de su animal y le reprochen que su perro de 10 años de edad no haya recibido la última vacunación anual…
- ✓ Veterinarios que no escuchen su opinión y le den a entender que usted no tiene ni idea…
- ✓ Veterinarios que intenten convencerle de la necesidad de curas antiparasitarias regulares internas o externas…
- ✓ Veterinarios que, al menor problema de su mascota, le receten antibióticos durante diez días, sin proponer otras alternativas… Veterinarios que intenten convencerle de la absoluta necesidad de la vacuna contra la borreliosis…
- ✓ Veterinarios que pretendan generarle mala conciencia si no hace lo que ellos proponen, aunque ellos mismos sean incapaces de ofrecer otras opciones…
- ✓ Veterinarios que no conozcan ningún tratamiento para problemas articulares salvo los analgésicos, con sus múltiples efectos secundarios…
- ✓ Veterinarios que intenten venderle suplementos alimentarios, supuestamente imprescindibles, sin darle previamente información sobre una alimentación correcta…
- ✓ Veterinarios que le interrumpan constantemente y no le permitan terminar de hablar…

Intente evitar este tipo de consultas. No obstante, el peor tipo de veterinarios que existen son los lobistas corrompidos. Están patrocinados por las industrias, bien de piensos o farmacéuticas, lo cual es irrelevante porque ¡lo que realmente gestionan estos colegas son auténticos locales de negocios! Cualquier veterinario que hace propaganda públicamente es un lobista corrompido, porque cobra por lo que dice.

Estos son, en general, los peores representantes del gremio, ya que no velan por lo que debería ser la máxima fundamental de todo veterinario: ¡lo principal es el bien de los pacientes!

Según mi opinión, aquellos colegas que al ver entrar un cliente en la consulta se frotan las manos imaginando cuántos medicamentos, diagnósticos y terapias van a poder endosarle, además del reluciente dinero que va a desembolsar antes de salir, son improcedentes y deberían elegir otra profesión. Creo que se asombrarían ustedes, estimados lectores, si supieran cuántos veterinarios de este tipo están ejerciendo de hecho la profesión. Algunos de ellos incluso son francos y reconocen sin rodeos su modo de actuar. Como miembro integrante del gremio, desgraciadamente puedo asegurárselo.

No deseo en absoluto acusar a todos mis colegas, aunque a primera vista pueda causar esa impresión, porque sé que, afortunadamente, hay muchos profesionales que viven de su trabajo sin sacar provecho de la venta de la mayor cantidad posible de medicamentos y piensos, sino ofreciendo tratamientos innovadores y métodos personales. En este sentido, disponemos de un amplio y variado campo de acción y los clientes agradecen encarecidamente recibir consejos honestos y adecuados. A la larga, además, esta actitud también se ve recompensada económicamente. Y, desde luego, es más satisfactorio mirarse en el espejo al finalizar una jornada laboral y poder decir: "tengo la conciencia tranquila por lo que he hecho hoy", en lugar de: "hoy le he endosado a un cliente algo que realmente no necesitaba, pero me he embolsado...". Será cuestión de carácter, pero créame: un veterinario puede ganarse muy bien la vida trabajando honestamente... y no solo puede, sino debe hacerlo.

Bibliografía

Bundesamt für Verbruacherschutz und Lebensmittelsicherheit, *Bericht über den Antibiotikaverbrauch und die Verbreitung von Antibiotikaresistenzen in der Human und Veterinärmedizin in Deutschland*, primera edición, octubre 2008.

Biber, Vera, *Allergien beim Hund*, editorial Kosmos, 2010.

Biber, Vera, *Hilfe, mein Hund ist unerziehbar*, editorial Hartmuth Becker, 2009.

Buchwald, Gerhard, *Impfen: Das Geschaeft mit der Angst*, Emu-Verlag, 2016

Grimm, Hans-Ulrich, *Echt künstlich. Das Dr.-Watson-Handbuch der Lebesnmittel-Zusatzstoffe*, editorial Dr. Watson, diciembre 2006.

Grimm, Hans-Ulrich, *Katzen würden Mäuse kaufen*, editorial Heyne, 2009.

Jung, Christoph, *Schwarzbuch Hund*, Books on Demand, 2009

Kammerer, Klaus-Dieter, *Der Jahrtausendirrtum in der Veterinärmedizin*, editorial Transanimal, 2002.

Kongressspiegel, *Starke Umsätze bei Antiparasitaria*, 3/2006.

Law, Jacky, *Big Pharma: Exposingthe global HealthcareAgenda*, Carroll & Graf, 2006.

Peichl, Monika, *Haustiere impfen mit Verstand*, editorial Norbert Höpfinger, 2009.

Schmidt, Vera, Horzinek, M.CH., *Krankheiten der Katze* – Band 1, editorial Gustav Fischer, Jena-Stuttgart, 1992.

Unschuld, Paul U., *Der Arzt als Fremdling in der Medizin?*, editorial Zuckschwerdt, junio 2005.

Zeugswetter, Florian, *Häufiger Patient in der Kleintierpraxis: die hyperthyreote Katze*, «Vet Journal», 5/2010.